입식의 시대,
좌식의 집

* 이 도서의 국립중앙도서관 출판예정도서목록(CIP)은 서지정보유통지원시스템
홈페이지(http://seoji.nl.go.kr)와 국가자료공동목록시스템(http://www.nl.go.kr/kolisnet)에서
이용하실 수 있습니다. (CIP제어번호: CIP2020045793)

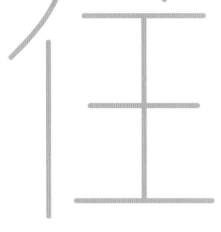

3 국학진흥원 교양학술 총서
고전에서 오늘의 답을 찾다

입식의 시대,
좌식의 집

한국국학진흥원 연구사업팀 기획 | **조재모** 지음

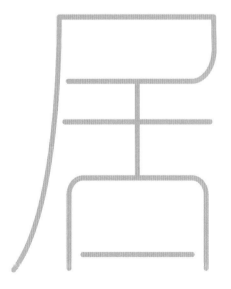

은행나무

| 일러두기 |

* 단행본과 학술지, 잡지는 『』로, 논문과 글은 「」로, 그림은 ' '로 표기했다.

'집'은 건축물보다 따뜻한 단어이다. 집에는 가족과 개인의 삶이 있고 한 지역의 오랜 문화가 깃들어 있다. 근대 이전의 한옥으로부터 현대 한국을 뒤덮은 아파트에 이르기까지, 건축물의 물리적 형태와 도시의 밀도, 삶의 양태는 유사점을 찾기 어려울 정도로 급격하게 변화하였지만 집에 대한 거주의 감각은 의외로 잘 변하지 않는 면이 있다. 한옥과 아파트는 얼마나 닮았고 또 얼마나 달라졌을까. 무엇이 우리나라 집의 문화를 연속적인 눈으로 바라볼 수 있게 만들었을까. 이 책은 이러한 질문에 단서를 찾고자 하는, 집에 대한 통시적 이야기이다.

이 책은 좌식과 입식이라는 지점에 주목하여 서술되었다. 이러한 관점으로 집을 들여다보게 된 계기는, 오래전 소개받은 의자에 관한 짧은 아티클이었다. 의자가 건축 공간의 역사에서 어떤 의미를 가지고 있는지를 통찰하는 글을 통해 평범하고 일상적인 부분으로부터 넓은 세계를 바라보는 일에 흥미를 느꼈다. 그러던 중에 여럿이 함께 갔던 건축 답사에서 집 안을 둘러보고 있는 사람들이 결국은 신발을 벗어놓은 곳으로 나올 수밖에 없다는, 무심히 지나쳤던 단순한 사실이 문득 우리가 살아온 집의 많은 부분을 설명하고 있다는 생각에 미쳤다. 그때부터 국내를 비롯하여 중국과 일본, 베트남과 태국 등 어디를 가든 집의 바닥을 유심히 관찰하는 버릇이 생겼고 이를 한국의 전통 주택이 갖고 있는 배치와 건축 구성과 비교해보면서 차근차근 생각을 정리하게 되었다.

2012년에 발표했던 「좌식 공간 관습의 건축사적 함

의」조재모 2012라는 논문은 시론적이기는 하였지만 신발을 벗고 실내에 들어가 좌식으로 공간을 사용하는 관습과 한국의 건축이 갖고 있는 성격을 연결시켜보려는 시도였다. 주택에서부터 서원과 향교, 사찰과 궁궐에 이르기까지 좌식의 관점이 흥미롭게 이어지면서 건축사의 한 측면을 관통하는 느낌을 받았다. 비슷한 관심을 가지고 있던 다른 연구자들의 글도 나의 그러한 생각에 힘이 되어주었다.

이 책에서는 독자의 폭을 한정하는 학문 언어와 치밀한 고증 및 분석의 과정을 상당 부분 내려놓는 대신 보편적인 언어 감각으로 일상의 공간들을 다시 들여다보는 데 치중하였다. 근대 이전 집의 기나긴 역사가 지금의 건축을 집요하게 붙들고 있는 지점을 포착해보고자 하였다. 좌식과 입식이라는 대별적인 공간 사용법은 건축물의 용도, 공간을 사용하는 행위의 성격, 집의 형태와 가구 등 많은 지점에 연결된다. 방, 거실, 부엌을 가리지 않고 바닥에 온수 파이프를 매입해 온돌 난방을 하면서도 이 모든 공간을 예전의 마루에 기원을 둔 우드 플로어링으로 마감하고, 침대와 식탁 등 입식 가구를 쓰면서도 종종 바닥에 앉거나 누워 생활하는 지금의 아파트 또한 오랜 관습의 결과물이다. 한옥과 아파트를 좌식과 입식의 관점으로 해부해보면 지속되는 관습과 이에 모순되는 조합을 함께 발견하게 된다. 지금도 우리의 건축공간 경험은 좌식과 입식을 오가며 한국의 집은 무엇인가라는 질문을 우리에게 던지고 있다.

좌식과 입식의 건축사는 훨씬 더 정밀하게 분석되어야 하는 주제라는 것을 알고 있다. 아직 명쾌해지지 않은 점들도 많이 남아 있지만 기회가 생겼을 때 이 주제

를 정돈하여 글로 완성하고 싶은 욕심에 겁 없이 원고
를 썼다. 언젠가 다시 이 주제를 깊게 다루게 될 날들에
남아 있는 연구를 미루어놓는 것으로 변명을 삼는다. 생
각을 정리할 기회를 주신 한국국학진흥원과 공부의 단
서를 던져주시는 모든 연구자들께 감사드린다.

2020년 11월, 대구 북내동에서

조재모

차 례

책머리에 5

머리말 12

1장 **거주의 해부학**

1 집에서 일어나는 일들 21

2 한옥과 아파트 28

3 내부와 외부 감각 35

4 바닥과 신발 42

5 좌식과 입식 48

6 거주 공간 형식의 조합 54

2장 **좌식과 입식으로 살펴본 건축 문화의 갈래**

1 문화적 전통의 분류와 교류 63

2 구조와 재료 69

3 실내 공간의 바닥 76

4 난방 방식 82

5 의식과 일상 89

6 신발과 건물 배치 97

7 통과, 머무름, 누마루 104

3장 **좌식 관습과 주택의 진화**

1 좌식 기반의 한국 주택 113

2 이른 시기의 단서들 118

3 온돌과 마루의 발달 125

4 집의 높이 131

5 툇마루와 지붕 구조 138

6 꺾음집과 안마당 145

7 온돌 공간의 확장 151

맺음말 156

참고문헌 160

집의 경험

개인적인 이야기부터 해보려 한다. 지금까지 내가 살아왔던 집의 형태는 다양했다. 뚜렷한 기억이 있는 첫 집은 반듯한 장방형의 대지 위에 시멘트 블록 담장으로 둘러싸인 ㅡ자형의, 울산의 단독주택지 내의 집이었다. 슬라브 집이었는지 우진각의 시멘트기와 집이었는지도 가물가물하다. 분명한 것은 남쪽의 마당을 향해서 난 미닫이문을 통해 마루로 들어가는 형태였다는 것이다. 따로 현관이 있지는 않았다. 마루 왼쪽으로는 안방과 부엌이, 오른쪽으로는 또 다른 방들이 있는 간단한 구조였다. 마루에 놓여 있었던 작은 미끄럼틀을 제외하면 대부분의 기억은 마당과 골목에서 형성된 것들이었다. 여름에는 마당에 대야를 놓고 물장난을 하였고 세발자전거를 타고 마당과 골목을 돌아다녔다. 제일 힘든 것은 대문 옆, 마당 한편에 있던 재래식 화장실에 가는 것으로,

항상 무서운 느낌이 들었다. 부모님은 아이들을 위해 마루 구석에 요강을 마련해주었다. 이 마을은 아파트 단지로 개발되어 지금은 그 모습을 찾을 수 없다.

그다음의 집들은 대개 아파트였다. 용산의 골목길에 있었던 한 동짜리 저층 아파트는 꽤 열악했다. 벽을 맞대서 붙은 몇 개의 단동형 아파트들은 이름도 장씨아파트, 엄씨아파트 같은 식이었다. 요즘 말로 다세대주택이라고 하는 것이 맞을 것이다. 아파트 '단지'가 아니었기에 따로 정돈된 외부 공간이나 놀이터 같은 것은 꿈도 못 꾸었고 그저 골목길을 뛰어다닐 뿐이었다. 앞뒤로 긴 거실 겸 부엌의 한쪽으로는 두 개의 방이, 다른 쪽으로는 기형적으로 긴 화장실이 있었던 기억이 난다. 큰일을 보면서 누가 노크라도 하면 큰 소리로 대꾸를 해야 했다.

다시 이사 간 곳 역시 아파트였다. 제일 꼭대기 층인

6층에 살았으나 4층이 없기 때문에 실제로는 5층인 아파트로 기억한다. 1971년에 지은 이 아파트는 초창기의 단지형 아파트였기 때문에 주변 환경이 깨끗한 편이었고 놀이터와 잔디밭 정원이 곳곳에 있었다. 가까이는 상가가 있어서 주전부리나 문구류를 사는 데 불편함이 없었다. 소위 근린주구近鄰住區형 단지계획의 중요한 사례가 된 곳이기도 하다. 지금은 일대가 재건축되어 20층 내외의 아파트 단지가 되었다.

이들 서울의 아파트를 거쳐 울산의 아버지 직장에서 마련해준 직원 사택으로 집을 옮기게 되었다. 이 역시 3층의 저층 아파트였다. 딱 세 동만 있는 작은 단지였지만 테니스장, 놀이터, 종종 영화를 상영해주던 복지회관도 있었고 단지 한쪽에는 독신 직원들을 위한 '독신료'가 있었다. 들어가보지는 못하였던 것으로 기억한다. 워낙 도시의 구석진 곳, 당시에는 군부대와 논밭으로 둘러싸인 곳이라서 교통이 좋지 않았다. 학교에 가려면 30분을 걸었고, 중학교에 들어가서는 버스를 갈아타고 멀리 다녀야 했다. 가장 큰 문제는 주변에 상점이 없어서 동네 주민들은 대량으로 공동구매한 계란을 돌아가며 관리해 팔아야 했다는 것이다. 다른 식료품을 구입하거나 병원에 가기 위해서는 역시 버스를 탔다. 다행히 사택에는 회사 버스가 있어서 한 시간에 한 번씩은 시내로 데려다주었다.

이들 세 아파트는 모두 계단식 아파트였다. 현관을 열고 들어가면 마루가 있고 그 주변으로 두세 개의 방, 부엌, 화장실이 붙어 있었다. 두 번째 아파트의 부엌에는 식탁 놓을 공간이 함께 있었고 마루와 바로 연결되었지만(이를 LDK형이라고 부른다. 리빙룸, 다이닝룸, 키친이 함께 붙어 있다는 뜻이다), 울산의 사택은 문을 열고 슬리퍼를 신고 이용하는, 바닥이 조금 낮은 부엌이었다. 식당은 없었고 마루나 안방에서 식사를 하였다. 그렇게 보면 집의 형태는 가족들의 행동 방식을 바꾸어놓는다.

　다시 서울로 이사를 해서 살았던, 1979년에 준공된 12층짜리 복도식 아파트는 현관을 들어서면 양쪽으로 방이 하나씩 있고, 그 안쪽에 화장실, 부엌을 거쳐 거실(이 집부터는 마루라고 부르기보다는 거실이라고 불렀다)과 안방이 남쪽으로 나란히 놓였다. 거실에서 부엌에 이르는 바닥에는 빨간색의 카펫이 깔려 있었고 거실 한쪽과 식탁 옆에 라디에이터 방열기가 있었다. 침실을 제외한 공간에는 바닥 난방을 하지 않고 공기 난방을 하는 방식이었다. 공기 난방으로 살다가 수리 공사를 하여 거실에도 온수 파이프를 깔아 바닥 난방으로 바꾼 것은

1980년대 후반쯤의 유행을 따른 것이기도 했다. 여기까지가 결혼하기 전, 부모님과 살던 주택 경험의 끝이고 이 아파트도 재건축되었다. 결혼한 다음의 집들도 위치와 면적이 다를 뿐 비슷비슷했다. 좀 더 콤팩트한 구성의 탑상형 아파트에도 살아보았고, 흔한 판상형 아파트에도 살았다.

근래의 주택 경험에 조금 특별한 점이 있다면 직장 때문에 주중에 혼자 사는 집이 필요하다는 점이다. 편리하고 작은 거주 공간을 구하는 것은 쉽지 않았다. 물론 원룸이나 오피스텔 같은 형태를 선택할 수 있었지만, 거주환경으로서 그리 좋지는 않았다. 직장 근처의 원룸에 살았던 3년간 잠자는 일 외에 집에서 무언가를 한 적은 없었다. 낡은 저층 아파트 단지나 임대 아파트가 전환된 소형 아파트를 전전하면서 나에게 맞는 주택의 형태를 고민했다. 최종적으로는 작은 대지에 연구와 거주를 겸할 수 있는 공간을 만들게 되었는데, 이 과정에서 주택의 형태에 대한 생각이 깊어졌다. 좌식과 입식에 대한 지금의 생각들은 그렇게 만들어진 것이다.

1장

거주의 해부학

1 집에서 일어나는 일들

생활을 세분해보자. 잠을 자는 일, 밥을 준비하고 먹고 설거지를 하는 일, 용변과 샤워, 세수, 빨래를 하고 말리는 일, 책을 읽거나 티비를 보는 일, 가족들이 함께 모여 담소를 나누는 일, 손님을 맞이하는 일, 식물이나 동물을 키우는 일, 무언가를 만들고 물건을 보관하는 일 등등 집 안에서는 꽤 다양한 일들이 일어난다. 이 모든 행위는 하나의 집 안에서 일어나는 것이지만 서로 다른 공간적 요구를 갖고 있다. 그것이 필연적이건 혹은 관습적이건 간에 말이다.

잠을 자는 것은 집의 가장 대표적인 목적 행위다. 침대를 사용하는 입식, 바닥에 요와 이불을 깔고 자는 좌식으로 구분할 수 있다. 이 두 가지 방식은 각각의 문화적 전통을 가지고 있는데, 침대의 경우 신발을 신고 방을 사용하느라 먼지와 물 등으로 오염된 바닥으로부터 안온한 취침 환경을 분리해내기 위해 사용되는 것으로, 서양권만이 아니라 아시아를 포함한 전 세계의 많은 지역에서 채택해온 방식이다. 이렇게 신발을 신는 방은 바닥 난방보다는 공기를 데우는 방식을 사용하는 것이 일반적이다. 반면 요와 이불을 사용하는 좌식은 우선 깨끗한 바닥을 필요로 한다. 그러기 위해서는 방에 신발을 신고 들어오는 것이 불합리하기 때문에 취침만이 아니라 다른 행위들도 좌식으로 이루어지는 경우가 많다. 날씨가 추운 지역에서 이러한 방식으로 취침하기 위해서는 바닥을 덥히는 난방 방식이 필요하다. 온화한 기후에서는 별도의 난방장치가 없어도 바닥에서 취침이 가능하다. 침대를 사용하면서 바닥을 난방하는 것은 사실 매우 비효율적인 방식이지만, 취침 이외의 행위들 때문에 바닥 난방이 선택되는 경우가 많다. 우리나라 초창기 일부 아파트들이 침실조차 라디에이터 공조 시설을 채택하여 공기 난방을 하자, 불편함이 느낀 거주자들이 개별적으로 공사하여 바닥을 난방하는 일이 많았던 것은 이 때문이다.

밥을 먹는 행위도 이와 연관된다. 옛날의 한옥에서는 방이나 대청에 상을 놓고 바닥에 앉아서 식사를 하였다. 좀 더 큰 상을 놓기도 하지만 격식을 차릴 때에는 개인별로 각각 작은 상에 식사를 제공하는 것이 원칙이었다. 사실 처음부터 좌식으로 상을 사용했던 것은 아니었다. 고대국가 시대의 유적 발굴을 통해 알려진 그릇들 중에는 굽이 매우 높은 것들이 있는데, 흔히 굽다리접시로 불리는 이런 그릇들은 상 위에 놓고 사용하기에는 불편해 보인다. 상이 높아지면 그릇의 굽이 낮아지기 마련이다. 아무튼 상은 위치를 이동하는 데 용이하기 때문에 식사를 위한 공간을 별도로 마련하지 않더라도 어떤 곳에서라도 식사를 할 수 있었다. 반면 식탁을 사용하는 방식은 다분히 입식 전통이다. 아파트를 비롯한 주택 문화가 점차로 진화하면서 지금은 대부분의 집에서 식당 공간을 별도로 마련하고, 식탁과 의자를 사용해 식사를 한다. 덕수궁 석조전에 가면 식당이라고 이름 붙은 잘 치장된 방이 있다. 긴 식탁이 놓여 있고 화려한 황실의 양식기가 준비되어 있다. 촛대 등으로 장식하는 것은 기본이다. 황실의 구성원들에게 이러한 식사 방식은 아마도 낯선 것이었을 테지만, 만국공법의 질서가 지배하는 새로운 세계 속에서 서구 제국과의 외교적 교류를 위해 이런 방식을 마련한 것으로 이해된다. 식사 시의 난방은 취침과 마찬가지다. 바닥에 앉아서 식사를 한다면 바닥 난방이, 식탁을 이용한다면 공기 난방이 합리적이다. 지금의 아파트들은 이와 다른 선택을 한다.

  부엌은 물과 불을 사용하는 곳이다. 옛 한옥에서 부엌은 온돌방과 대청이 연이어진 건물의 일부이기는 하지만 바닥의 높이가 다르고 신발을 신고 이용하는 곳이기 때문에 공간 이용의 연속성이 없었다. 더운 여름에 부엌에서 불을 쓰는 것은 고역이지만, 거주 공간과 열기를 분리하는 합리적인 면이 있었다. 대신 부엌에서 마련한 식사를 거주 공간까지 '배달'해야 하는 일은 매우 불편한 것이었다. 한옥의 개보수에서 가장 먼저 선택되는 것이 부엌의 입식화인 것은 이러한 불편함이 주택 자체의 거주 만족도를 저하시키는 주된 요인이기 때문이다. 점차 거주 공간과 통합된 부엌은 거실과 같은 높이의 바닥으로 구성되었고, 부엌-식당-거실을 연결하는 통합된 공간이 집의 가장 중요한 부분으로 자리 잡게 되는 쪽으로 발전하였다. 그런데 물을 사용하는 부엌의 특성상, 취사와 설거지 등의 작업 도중 바닥에 물이 떨어지는 일은 종종 발생한다. 맨바닥으로 구성된 예전의 부엌이라면 아무 문제가 되지 않겠지만, 지금은 거주 공간과 연결된 바닥의 마감 재료에 따라 바로 닦아내지 않으면 안 되는 경우가 많다.

몸을 씻는 일을 담당하는 공간도 점차 거주 공간으로 포함되었다. 수도 설비가 없던 시절에는 우물이나 지하수 펌프를 이용했으니 마당이나 집 밖을 이용했다. 화장실 역시 최대한 거주 공간에서 멀리 두는 것이 원칙이었다. 냄새와 벌레는 거주의 질을 하락시키는 요소들이다. 수도 설비가 발달하면서 씻는 행위와 대소변을 보는 행위는 하나의 공간에서 이루어졌다.

빨래를 하고 말리는 공간은 따로 구분되어 있지 않은 경우가 많다. 예전 세탁기가 없던 시절에는 세탁실이라는 것이 존재하지 않았으므로 주택 내에서 별도의 공간을 차지하지 않았다. 냇가나 우물 등 물을 얻기 쉬운 곳에서 세탁을 할 뿐이었다. 요즘의 아파트에서는 베란다 혹은 다용도실이라는 이름의 공간에 세탁기를 놓고 사용한다. 드럼 세탁기가 많아지면서 부엌 싱크대와 결합되는 일도 있다. 빨래를 말리는 일도 물과 연관되는 것이라 베란다를 이용한다. 이런 공간은 보통 타일로 마감되어 신발을 신고 이용하는 형태인데, 물이 흐를 수 있는 위험이 있기 때문이다.

식물이나 동물을 키우는 공간, 무언가를 만드는 등의 작업 공간, 물건을 보관하는 공간도 마찬가지다. 식물의 공간은 볕이 잘 들고 환기가 잘되며, 물을 사용하기에 편리한 곳이면 된다. 실내외 어느 쪽이라도 관계없지만, 실외의 환경에 근접한 공간이라는 성격을 갖고 있다. 예전과 달리 반려동물이 가족의 일부로 받아들여지면서 거주 공간 속에서 함께 생활하고 있지만 동물들의 용변이나 건강을 생각하면 이 선택이 반드시 옳은 것은 아니다. 거주 공간의 바닥재와 사용 방식이 획일화되면서 적절한 해법을 찾지 못하고 있는 것으로 보는 것이 맞다. 그렇게 보면, 집에서 일어나는 여러 일들 중에는 신발을 신는 것이 훨씬 더 편리한 행위들이 많다. 반드시 신발을 벗어야 하는 때는 어찌 보면 잠자리에 드는 순간뿐이다.

책을 읽거나 티비를 보는 일, 가족들이 함께 모여 담소를 나누는 일 등은 흔히 거실의 일이다. 손님이 찾아오는 경우에도 주로 거실을 이용한다. 이 점은 예전이나 지금이나 크게 다르지 않다. 예전의 한옥 역시 사랑채가 별도의 독립된 공간이든 통합된 공간이든 간에 이런 일들은 거주 공간 안에서 일어났다. 한국의 주거 전통으로 국한하자면 모두 신발을 벗은 상태로 공간을 사용하는 일들인데, 이는 거실에서 일어나는 행위가 요구하는 유일한 공간 형태가 아니라 다분히 우리 주거 전통의 특별한 해법이다.

집 안의 여러 행위들이 반드시 공간 단위로 분할되는 것은 아니다. 방에서 밥을 먹고 책을 읽으며 밤에는 잠을 자는 것이 오랜 관습이었다. 지금은 침대, 식탁, 책상, 소파 세트, 세탁기, 싱크대 등 각 행위가 요구하는 가구와 가전이 공간을 분할하여 점유하는 방식이 일반화되고 있다. 아이러니한 것은 분명히 행위별로 공간이 분할되었으면서도 각 공간의 바닥 마감은 점차 같아지고 있다는 점이다.

2 한옥과 아파트

최근 10년간, '한옥기술개발'이라는 이름으로 대규모 연구가 진행되고 있다. 한옥에 대해 관심을 갖고 있던 국가기관은 문화재청뿐이었는데, 이제는 국토부에서도 한옥에 대한 관심을 보이니 환영할 만한 일이다. 그런데 이 두 기관의 입장은 매우 다르다. 문화재청은 보존의 대상으로서 문화재 가옥에 관심을 두고 있다면, 국토부는 신축 혹은 재사용되는 건축물로서 한옥에 초점을 두고 있다.

여러 조사에 따르면, 한옥에 대한 인식은 '춥고 불편하고 비싸다'로 압축된다. 춥다는 인식은 한옥에 대한 대부분의 경험이 낡은 한옥을 중심으로 형성되어 있기 때문이다. 오래된 양옥집 단독주택들도 이와 다르지 않은 것을 보면 이는 한옥만의 문제는 아닌 것으로 이해된다. 단열재를 제대로 사용하지 않았거나 성능이 떨어지는 창호와 단열재를 사용한 것이 이러한 문제를 야기하였다. 다만 하부 단열 처리와 창호 설치 없이 개방된 형식으로 발전해온 마루 공간은 추위 측면에서 본질적인 한계가 있었다. 겨울날 맨발로 대청마루에 서 있어본 사람이라면 크게 공감할 것이다.

불편하다는 인식은 대체로 낮은 바닥면에 형성되는 부엌과 외부의 화장실 때문에 발생한다. 난방과 취사 용도를 겸하는 부엌의 아궁이 탓에 부엌 바닥은 대청마루나 온돌방보다 한참 낮은 높이였고, 별도로 신발을 신고 들어가야 하는 공간이었다. 한편 밥을 먹으려면 다시 마루나 방으로 상을 옮겨야 했으며, 온수의 사용, 불 피우는 일 등등 모든 것이 힘들었다. 오래된 집들의 이야기다. 이상의 두 가지 불만은 요즘 새로 지어지는 한옥에서는 문제시되지 않는다.

한옥이 다른 주거 형태에 비해 비싸다는 인식은 아파트와 비교할 때 극대화된다. 사실 아파트도 비싸다. 하지만 적층된 형태의 주택은 땅의 활용도와 땅값의 부담 측면에서 단독주택과 비할 것이 못 된다. 단독주택이라면 어떤 형태의 집이든 그만큼의 땅값을 지불해야 한다. 다만 한옥의 경우 처마를 내밀기 때문에 좀 더 많은 면적의 땅을 필요로 한다는 점이 다르다. 한편 건축 비용의 측면에서도 한옥 목수의 인건비와 목재 가격이 만만치 않은 부담으로 작용하기도 한다.

반면 한옥에 대한 긍정적인 인식도 존재한다. 아파트에서 살지 않는다면 어떤 주택을 원하는가라는 조사에서는 단연 한옥이 높은 비율로 선택되곤 한다. 표면적으로는 마당을 갖고 싶은 욕망이 가장 큰 자리를 차지한다. 마당은 한옥의 전유물이 아님에도 불구하고 마당이 있는 한옥을 로망으로 삼는 것은 우리나라 사람들의 내면에 존재하고 있는 한옥에 대한 감수성에서 비롯했을 것이다.

아파트는 관리의 편의와 단열의 유리함, 양호한 단지 환경, 주차 편의, 안전하다는 인식 등의 측면에서 선호된다. 이는 매우 강력한 장점이어서 이 지점에서 아파트를 대체할 만한 주거 유형을 찾기는 쉽지 않다. 특히 인구의 밀도와 도시집중이라는 여건이 형성한 높은 땅값은 아파트를 주도적 주택 유형으로 자리 잡게 하였다. 신축되는 주거 물량의 대부분이 아파트여서, 『아파트 공화국』발레리 줄레조 2007이라는 책이 크게 반향을 일으키기도 하였다. 이러한 경향 속에서 지금은 장년 이상의 연령대를 제외하면 아파트 이외의 주거 경험을 가진 사람의 비율이 극히 낮다. 집은 면적과 위치로 규정될 뿐 집집마다 비슷비슷한 환경의 주거를 제공하고 있어서 개성은 뚜렷하지 않다. 아파트 브랜드들은 저마다 최대한 차별성을 나타내고자 하지만 그것은 주거의 건축에 초점이 있는 것이 아니라 단지 외부 환경, 부대시설, 주호(住戶) 내의 편의 시설 등에 국한되어 있는 것이 현실이다. 아파트가 나쁘다는 것이 아니다. 요점은 아파트라는 공통의 주거 형식에 의해 형성되고 있는 거주의 경험이 어떠한 것인지를 차분히 바라볼 필요가 있다는 점이다.

한옥의 시대를 살던 사람들, 아파트의 시대에 살고 있는 사람들에게 주택의 경험은 어떻게 다를까? 어떤 점들이 '거주의 감각'을 형성하고 있을까? 이 둘 사이에는 공통점도 있을 것이며 차별점 또한 있을 것이다. 앞서 사변적으로 늘어놓았던 필자의 주택 경험은 대개 아파트에서 형성된 것이다. 단동형 아파트에서 단지형 아파트로의 이사를 통해 아파트 단지의 외부 공간이라는 잘 정돈된 외부 환경을 얻었다. 뿐만 아니라 주민 커뮤니티

경북 안동 하회마을과 서울 신림동 우리나라 사람들이 살아온 대표적인 주택 유형은 한옥과 아파트다. 이 둘 사이에는 전통이라 부를 만한 공통점도 있지만 근본적으로 다른 지점들이 많다. 이들이 집합된 경관은 완전히 다른 인상을 만든다.

시설이라는 주민 전용 공간도 여럿 마련되었다. 집에 들어가서 현관문을 걸어 잠그면 가족을 위한 안전한 내부 공간이 확보되었다. 부엌에서 음식을 만들고 설거지를 하는 동안에도 내 발을 따뜻하게 해주는 온돌이 어디에나 설치되었으며, 깨끗한 욕실에서는 언제든 온수로 샤워할 수 있다. 요즘 아파트 주민들이 아쉬워하는 것은 아마도 바비큐를 구울 수 있는 외부 공간 정도가 아닐까 싶다. 이런 것들이 너무나 당연해서 특별할 것 없이 느껴진다는 점은 아파트가 우리의 생활 방식을 얼마나 규정하고 있는 것인지를 새삼 자각하게 한다.

간혹 한옥 게스트하우스에 가거나, 시골의 한옥에서 며칠을 묵을 때가 있는데, 이는 지금 시대에는 특별한 경험으로 취급된다. 마당을 향해 툇마루에 걸터앉아 도란도란 이야기를 나누거나, 창을 활짝 열어놓고 신선한 공기를 방 안으로 들이는 것은 왠지 아파트의 베란다에서 밖을 바라보거나 안방의 창을 열 때와는 다르다. 아이들이 마당에서 뛰어놀고, 한쪽에서는 불을 피워 고기를 굽는 모습은 한옥에 대한 보편적인 상상이다. 나무와 풀이 자라고 있다면 더욱 좋을 것이다. 댓돌에 벗어놓은 신발은 비나 눈이 오면 젖어 있었지만 처마 끝에서 떨어지는 빗물은 그 자체로 낭만적이다. 하지만 여기에 계속 살겠느냐고 물으면, 한옥을 좋아하면서도 대답이 궁색해진다. 이것은 분명히 거주의 감각이 갖고 있는 차이에서 생겨난 것이다.

3 내부와 외부 감각

한옥과 아파트로 대표되는 서로 다른 거주의 감각은 여러 가지 측면에서 드러난다. 가장 먼저 생각해볼 것은 내부와 외부에 대한 것이다. 사실 내부와 외부의 감각은 다층적일 수 있다. 집 안과 집 밖일 수도 있고, 실내와 실외일 수도 있다. 하나하나 생각해보자.

아파트의 거주 감각에서 내부라고 느끼는 공간은 분명히 현관문 안쪽이다. 흔히 방화 철문으로 만드는 현관문은 바깥으로 열리기 마련인데 이것은 화재가 발생했을 때 재빨리 대피하기 위한 것이기도 하면서 좁은 집 안의 공간, 특히 신발들이 어지러이 놓여 있는 현관의 유효 공간을 확보하기 위한 것이기도 하다. 현관을 들어서면 신발을 벗고 집 안으로 들어가는데, 여기에 이르러

서야 비로소 내부의 감각을 갖는다.

아파트 거주의 외부는 주동住棟의 밖이다. 잘 계획된 주동 사이의 공간은 한때는 의무적인 조경 및 놀이터 등의 공간을 제외하면 오로지 주차장으로 활용되었다. 어떻게 하면 최대한 많은 수의 주호를 단지 내에 배치할 것인지, 주차 공간은 어떻게 해야 최대로 확보되는지가 아파트 계획의 핵심이었다. 최근 들어서는 지하 주차장을 만드는 것이 일반적이고, 대신 외부의 공간에 충분한 조경과 각종 기타의 시설을 갖추는 것이 아파트의 브랜드 가치를 높이는 전략이 되었다. 아파트의 외부에는 동네 아이들의 각종 놀이가 존재하는 놀이터와 잔디밭, 단지 내 도로가 있고, 최근에는 스포츠센터, 주민 전용 카페 등이 도입되어 노년층을 위한 경로당 외에도 각 연령대의 주민들이 공유할 수 있는 커뮤니티 공간이 확대되었다.

이렇게 아파트의 내부와 외부를 나누고 보면 남는 곳이 있는데, 바로 주동 현관을 들어와서 주호까지 이어지는 복도, 계단, 엘리베이터 등으로 사용되는 공간이다. 이곳은 내부인가 외부인가? 실내외의 관점으로 보면 분명히 내부에 해당되지만, 이곳을 내부라고 느끼는 거주 감각은 존재하지 않는 듯하다. 때로는 좁은 실내의 수납 공간을 보충하기 위해, 혹은 실내에 두기에 적합하지 않은 자전거 등을 놓기 위해 복도나 계단에 물건을 놓는 일이 있지만 이는 화재 대피 등에 크게 방해가 되기 때문에 소방법에서 규제하는 대상이다. 융통성이 없는 공간인 셈이다. 그렇다고 주동 밖에 이런 물건들을 놓았다가는 이웃들에게 좋은 소리를 듣지 못할 것이다. 도난에도 대책이 없다.

아파트의 장점 중 하나로 꼽히는 것이, 같은 용적률(전체 대지 면적에 대한 각층 모든 면적 총합의 비율)이라면 적층하여 고층화할수록 사용할 수 있는 외부 공간이 많아진다는 것이다. 옳은 말이다. 그만큼 채광과 환기에도 유리하고 경관도 경쾌하게 만들 수 있다. 그런데 이렇게 넓게 확보된 외부 공간은 누구의 것일까? 서류상으로도 내 지분이 존재하는 아파트 단지의 땅은 왜 내가 편리하게 사용할 수 없을까? 아파트 주민들은 이 넓은 외부 공간을 두고 왜 굳이 상업적인 바비큐 공간을 사용해야 할까? 만약 적절한 동의가 있다면 보다 다양한 형태로 아파트의 외부 공간을 사용할 수 있을 것이지만, 단지가 크면 클수록 그 동의의 가능성은 크지 않아 보인다.

한옥의 내부와 외부는 이와 다르다. 거주의 감각으로 볼 때 한옥에서 내부라고 느끼는 곳은 대문을 들어서면서부터다. 한옥 대문은 아파트의 주호 현관문과 달리 보통 안으로 열린다. 내부의 공간이 크고 성격이 복합적이기 때문에 군이 밖으로 열어서 외부 공간을 침해할 필요가 없다. 한옥의 내부에는 마당, 대청마루, 방 등이 다채롭게 구성되어 있다. 완전히 실외에 해당하는 마당은 햇볕을 쬐고 식물과 반려동물을 기르는 데 불편함이 없다. 아파트에서는 이러한 성격이 베란다에 부여되어 있는데, 종종 거실이나 방을 확장하여 통합해버리기 때문에 그마저도 없는 집이 많다. 한옥의 대청마루는 실내이기도 하고 실외이기도 한 중첩적인 성격을 갖고 있는데, 제사 등을 위해 큰 공간이 필요할 때에는 함께 사용되기도 하는 개방적인 곳이면서도, 신발을 벗고 사용한다는 측면에서는 방과 마루에 더 가깝게 느껴진다.

한옥의 외부 역시 중첩적인 성격을 갖고 있다. 방, 헛간 등 폐쇄된 공간을 제외하면 대청마루, 툇마루, 마당을 거쳐 집의 대문 밖까지 모두 외기가 통하는 곳이라는 점에서 모두 외부가 될 수 있다. 프라이버시의 측면에서 본다면 대문 안쪽은 외부인이 쉽게 드나들 수 없

전북 전주 양사재 학생들과 함께 한옥 하나를 빌려 묵었다. 방 안에 들어가 있지 않
지만 이들은 이미 '집 안'에 자리하고 있으며, 이 집 전체는 그들이 점유하는 공간
이 되어 있었다.

는 내부이지만, 시각적으로는 바깥의 사람들이 쉽게 들여다볼 수 있는 곳이라 소통이 가능하다. 종종 대문을 열어놓고 지내는 예전의 시골 분위기에서 이들 공간은 연속적이다. 규모가 큰 집들의 경우, 대지의 일부를 아예 외부인과 공유하도록 하고 그 안쪽으로 담장과 대문을 놓기도 하였다.

그렇게 보면, 두 개의 거주 감각에서 내부와 외부는 서로 다른 경계를 가지고 있다. 오랫동안 우리의 삶을 담았던 한옥에서는 내부와 외부가 불분명하고 중첩되는 느슨한 경계의 형태로 놓여 있는 반면, 아파트에서는 주호와 주동의 현관문을 경계로 분명하게 내부와 외부가 구분된다. 대신 두 현관문의 사이, 즉 복도, 계단, 엘리베이터 등의 공간은 외부도 내부도 아닌 '동선의 공간'으로만 존재하여 누구의 것도 아닌 곳이 되었다. 한옥에 내부이기도 하고 외부이기도 한 마당, 대청마루 등의 공간이 있는 것과는 크게 다른 점이다.

아파트는 내외부 공간 각각을 강화하는 방향으로 발전하였다. 조금이라도 내부 공간을 넓히기 위해 베란다 확장이라는 위험한 선택을 하였고, 외부 공간은 그야말로 익명의 공동소유지만 누구도 자신의 것이라 여기지 않는, '퍼블릭 스페이스'로 완성되어왔다. 폐쇄된 단지로서 단지 외부인에게는 배타적이면서도, 내부의 사람들도 자신의 것으로 여기지 못하고 지나쳐 가거나 바라보기만 하는 경관으로 존재하는 것이다.

4 바닥과 신발

한옥과 아파트에서 내부와 외부의 감각은 복합적이고 이질적이다. 이 감각의 차이는 여러 층위에서 형성되어, '경계'의 형태로 발현된다. 예를 들어, 사적 공간과 공적 공간은 내외부를 분리하는 하나의 기준이 되는데, 그 사이에는 대문이나 현관문 같은 경계가 존재한다. 하지만 한옥의 대문과 아파트의 현관문은 전혀 다른 방식으로 거주 감각의 경계를 만들어낸다. 우선 한옥부터 살펴보자. 대문에 들어서더라도 여전히 햇볕과 바람, 비가 있는 마당이 있기 때문에 아직 실외에 있게 되므로 다음 단계의 경계를 통해 보다 강한 내부의 감각으로 진전되어야 한다. 규모가 큰 집이라면 다시 중문을 통해 안마당으로 진입해야 하는데, 이는 마당

보다 내밀한 사적 공간이기는 하지만 여전히 실외 공간이다. 비로소 실내로 진입하는 것은 대청마루에 오르면서부터다. 아파트에서는 이 과정이 매우 짧고 단순해서, 단지 현관문을 열고 들어오면 실내의 사적 공간으로 바로 전환된다.

복합적이고 긴 과정이건, 단순하고 짧은 과정이건 간에, 이 사이에 존재하는 가장 뚜렷한 경계는 '신발을 벗는다'는 행위로 형성된다. 다분히 한국적인 특수한 관습이 반영된 것이기는 하지만, 아무튼 신발을 벗고 맨발로 사용하는 공간에 들어서야 최종적으로 내부에 들어왔다는 감각의 전환이 이루어지는 것이 사실이다. 집 안에서만큼은 가히 '맨발의 한국인'이라 할 만하다.

신발을 신고 벗는 공간 경험은 생각보다 많은 것들과 연관되어 있다. 첫째로는 집 안에 있는 사람들은 자신이 집에 들어갈 때 신발을 벗어놓은 곳으로 나와야만 한다는 법칙이 생긴다. 이것은 한옥이건 아파트건, 혹은 양옥집이나 또 다른 형태의 주택이건 간에 동일하게 적용된다. 여러 사람과 진행하는 답사 여행에서 이는 꽤 편리한 측면이 있는데, 아무리 큰 집에서라도 일행을 놓치지 않기 위해서는 그들의 신발이 있는 곳만 지키고 있으면 된다.

　로 하우스_{row house} 같은 서구권의 도시 주택을 보면 건물이 도로에 바짝 붙어 있고 집의 뒤편으로 마당을 둔 형태가 많다. 이런 집이 우리나라에 있다고 생각해 보자. 이미 집에 들어갈 때 현관에 신발을 벗었다면, 집 안에서 현관과 반대쪽에 있는 뒷마당으로 나가기 위해서는 별도의 신발을 마련해놓지 않으면 안 될 것이다. 이런 경우라면 앞마당을 만드는 것이 훨씬 편리하다. 신발을 벗는 행위는 집의 형태를 다르게 만들기도 하는 것이다.

　둘째로는, 신발을 신고 벗는 동작은 그러지 않는 것보다 훨씬 번거로운 일이라는 점이다. 지금이야 신발에 벨크로나 지퍼를 붙이거나, 탄력이 있는 재료를 이용하여 신을 신고 벗는 일이 불편하지 않게 되었지만, 옛날이라면 실내외의 경계를 드나들 때마다 매번 번거로운 시간을 소비해야 했다. 여러 공간을 편리하게 오가기 위해서는 이 동작을 최소한으로 한정할 필요가 있는 것이다. 옛날 한옥에는 현관이 없었다. 마당에서 대청마루나 툇마루, 혹은 직접 방으로 들어가기 위해서는 댓돌 위에 신발을 벗고 들어갔는데, 여기서 다시 다른 공간으로 이

전북 강경상고 교장 관사의 현관 우리나라에서 집의 내부와 외부는 최종적으로 신발을 벗고 들어섬으로써 전환된다. 집 안에서만큼은 '맨발의 한국인'들인 우리는 오랫동안 이렇게 살아왔다.

동하기 위해서는 방과 방, 혹은 방과 마루 사이의 문을 통해 이동하거나, 다시 댓돌 위의 신발을 신고 마당을 가로질러 이동하거나, 아니면 툇마루를 통하는 방법을 택해야 했다.

셋째로, 물을 사용하거나 오염되기 쉬운 공간, 혹은 발을 다치기 쉬운 공간은 아무래도 신발을 신고 있는 것이 합리적이다. 마당은 물론이고, 화장실과 욕실, 세탁하거나 빨래를 말리는 공간, 각종 작업과 물품 보관을 위한 공간, 거친 바닥면을 갖고 있거나 기타 오염의 가능성이 있는 곳들도 마찬가지다.

반대로 맨발의 공간은 적당한 온기와 청결이 필요하다. 특히 추운 계절이 있는 기후대 지역이라면 맨발로 찬 바닥에 서 있는 것은 고통스러운 일이기 때문에 더욱 적절한 조치가 있어야 한다. 실내용 슬리퍼를 사용하는 것이 가장 값싼 방법일 것이고, 바닥에 카펫 같은 것을 깔아놓는 것도 가능한 해법이다. 일본의 다다미 역시 신발을 신지 않는 공간의 단점을 보완하기 위한 장치였다. 우리나라의 온돌을 이용한 바닥 난방은 그런 점에서 꼭 필요한 시설이다. 이런 경우 발을 다치지 않기 위해 거친 재질보다는 매끈한 재질로 바닥을 마감할 필요가 있다. 표면을 잘 다듬은 돌이나, 매끈한 마감의 흙 미장, 혹은 목재를 이용하여 마룻바닥을 설치하는 것도 비용이 들지만 꽤 괜찮은 방법이다.

물과 오염 등에 의해 신발이 더러워진 상태로 취침 등을 위한 공간으로 진입하는 것은 거주환경의 청결 유지에 방해가 된다. 신발을 신고 벗는 것이 매우 번거로운 것임에도 불구하고 이 뚜렷한 경계가 존재한다면 성격이 다른 공간을 분리하여 다른 방식으로 이용할 수 있다는 장점이 있다. 이때 바람에 의해서 흙과 먼지가 맨발의 공간으로 쉽게 들어오지 못하도록 적절히 바닥 높이를 조절하는 것도 중요하다.

신발을 벗고 사용하는 건축 유형은, 신발을 신으면 건축물의 사용 단계에서 해결될 문제들을 건축의 계획과 시공 단계부터 세심하게 신경 쓰지 않으면 안 되게끔 한다. 좋게 보면 고급의 건축술이 필요한 것이고, 나쁘게 보면 비효율적인 방법이다. 다만 이 문제는 '맨발'에만 국한되는 것이 아니라 앉거나 누울 때의 상황과 연동되는 것이기 때문에 훨씬 복합적인 판단을 요한다. 결국 이것은 좌식과 입식 공간의 구분으로 이어진다.

5 좌식과 입식

흔히 신발을 신고 사용하는 공간을 입식 공간으로, 그렇지 않은 공간을 좌식 공간으로 단순하게 생각할 수 있지만, 그에 더해 가구를 포함한 공간 전체의 세팅에 대한 구분이 필요하다. 신발을 벗고 사용하더라도 침대, 입식 싱크대, 식탁 등을 사용한다면 입식으로 사용하는 공간이다. 반면, 신발을 신은 상태에서 바닥에 앉거나 하는 것은 좌식으로 볼 수 있다. 때로는 목욕 의자 정도의 높이를 갖는 낮은 의자를 사용하는 경우도 있어서 명확하게 입식과 좌식을 구분하지 못할 수도 있다.

좌식 공간은 '맨발'의 공간처럼 깨끗하고 적절한 온도를 갖는 바닥면을 요구한다. 한옥이건 현대식의 아파트건 간에 한국의 주택에서는 이 요건을 대부분 만족한다. 또한 앉았을 때의 키를 고려하여 너무 높은 창문이나 천장을 두는 것은 거주환경에 좋지 않다. 한옥을 현대식으로 계획할 때 가장 큰 난점 중의 하나는 2층 이상에 설치되는 난간이다. 오랫동안 좌식 공간으로 사용되었던 한옥에서 난간은 그리 높지 않은 높이였다. 특히 대부분의 한옥을 단층 건물로 만들었던 관습 때문에 난간의 높이가 추락 등의 안전 문제와 크게 관련되어 있지 않았던 것도 영향이 있다. 그런데 지금은 2층 이상의 건축 공간에서는 안전을 위해 바닥면으로부터 1.2미터 높이의 난간을 설치하는 지금의 건축법이 적용되어야 하기 때문에 그 집이 한옥이라 할지라도 기존의 낮은 난간을 설치할 수 없다. 법규에 맞춘 높이의 한옥 난간의 비례는 매우 낯설다. 그래서 익숙한 난간을 설치하고 그 안쪽에 별도의 유리 난간을 두어 법규 문제를 해결하기도 한다. 이 기준은 다분히 입식 공간을 기준으로 설정된 것이다. 창의 높이도 마찬가지다. 보통의 아파트는 창의 높이도 1.2미터에 맞추어져 있다. 이러한 창은 바닥에 앉았을 때는 바깥으로의 적절한 시각 구조를 만들기 어렵다. 채광과 환기에는 문제가 없다. 그렇지 않다면 창문을 여는 방식을 조절하여 시각적으로는 바닥

대구 경북대학교 한옥 정자 금란정 학생들과 함께 캠퍼스에 한옥 정자를 한 동 지었다. 공공시설로서 신발을 신은 채로 이용하기 좋을 뿐만 아니라 관리도 편리하도록 입식 공간과 좌식 공간을 결합시켰다. 한옥의 난간은 이 정도 높이일 때가 가장 좋다.

에 앉아서 바깥은 보는 데 지장이 없지만 낮은 높이에 서 열지 못하도록 하여야 한다. 이러한 안전기준은 모두 실내에 서 있을 때를 기준으로 설정된 것이다.

한옥의 좌식 공간에서는 창의 높이가 낮다. 사실 창과 문을 명확하게 구분하기가 애매한 경우도 있어서, 개구 부 아래에 머름대라고 하는 요소를 두면 창으로, 그렇지 않고 바닥면부터 일정한 높이까지가 열리면 문으로 구 분하기도 한다. 이러한 개구부는 바닥에 앉았을 때에도 바깥을 잘 내다볼 수 있도록 높이를 설정한다. 앉아 있 을 때의 눈높이가 낮기는 하지만 마당에서부터 기단, 댓 돌, 마루나 방까지 몇 단계에 걸쳐 높이를 높여온 터라 좌식 공간에서도 시원한 시야를 만들어낼 수 있다. 아 예 조망용으로 만든 건물이라 할지라도 기본 구성은 좌 식이다. 가장 좋은 예로 풍광이 좋은 곳에 놓인 정자나 누각을 들 수 있다. 경복궁의 경회루 같은 누각은 물론 이거니와, 규모가 작은 서원이나 향교의 누마루에 앉았 을 때에도 그 조망은 충분히 확보된다. 주택에서도 건물 귀퉁이에 다른 실의 바닥보다 좀 더 높은 마루를 설치 하여 주변을 잘 바라볼 수 있게 하기도 한다. 즉, 바닥의 높이를 조절함으로써 바닥에 앉아 있을 때에도 원하는 눈높이를 만들어내는 방식이다.

한옥의 천장을 떠올려보자. 흔히 온돌을 들인 방에서는 높지 않은 천장을 만든다. 이는 바닥에 앉거나 누웠을 때 너무 휑하지 않도록 적절한 높이를 찾은 것이다. 반면 대청마루에서는 서 있는 일도 많은 데다가 평면적으로도 공간이 크기 때문에 보다 높은 천장을 설정해야 해서, 따로 천장 반자를 두지 않고 서까래를 그대로 노출시키는 것이 보통이다. 속설에는 앉았을 때와 서 있을 때의 눈높이 차이만큼 천장 높이의 차이를 갖는다고도 한다. 부엌 등 낮은 바닥에 놓여 있는 공간에는 그 위에 다락을 놓는 등 공간을 입체적으로 사용할 수 있다.

지금의 아파트 천장은 거의 2.4미터 정도의 높이로 설치되어 있다. 사실 이 높이는 충분하지 않다. 이보다 조금만 더 높아도 주택 내의 공간은 큰 개방감을 가질 수 있겠지만, 수십 층을 쌓아서 만드는 아파트에서는 한 층의 높이를 최소한으로 하여 조금이라도 더 많은 주호를 한정된 높이 내에 넣는 것이 경제적이기 때문에 최소한으로 설정된 높이가 이것이다. 그래서 거실에 샹들리에같이 높이를 차지하는 조명 기구를 달거나, 천장형 환기팬을 놓는 것이 어렵다. 창문에 설치할 커튼이나 블

라인드의 높이도 모두 이에 맞춰 제품화되어 있다. 만약 아파트의 실내를 좌식으로 사용한다면 어떨까? 천장의 높이는 지금 정도라도 충분하거나 오히려 높게 느껴진다. 반면 창문의 위치는 지나치게 높다.

　또한 입식 공간은 좌식 공간에 비해 동일한 기능을 담기 위해 좀 더 큰 면적을 필요로 한다. 바로 가구 때문인데, 침대, 식탁, 소파 등은 이부자리와 밥상, 방석보다 요구하는 면적이 크다. 또한 가구를 놓은 이상 그 공간에는 다른 기능이 개입되기 어려워지기 때문에 기능별로 각각 공간을 마련해야 하는 것도 큰 영향을 끼친다. 좌식의 공간은 쓰이는 물건들을 치워놓고 다른 행위 공간으로 전용하는 것이 매우 쉽기 때문에, 방 하나에서 취침, 가족 단란, 손님맞이, 독서와 공부 등 다양한 활동이 일어날 수 있다. 원룸, 고시원 등 소형의 주거 공간을 떠올려보면 입식으로 사용할 때와 좌식으로 사용할 때의 차이를 짐작할 수 있다.

6 거주 공간 형식의 조합

좌식과 입식의 공간은 단지 행동뿐만이 아니라 공간을 구성하는 방식에서도 많은 차이를 갖고 있다. 앞에서 살펴본 여러 구분 지점은 다음과 같은 키워드와 관련된다. 내부와 외부, 신발을 신는 공간과 벗는 공간, 입식과 좌식, 바닥면의 마감, 난방, 청소, 가구의 사용, 천장의 높이, 창문의 높이 등이 그것이다. 이들 요소들은 서로 분명하게 종속 관계에 있는 경우도 있지만 그렇지 않은 집도 많다. 보편적으로 생각할 때 비교적 영향 관계가 큰 요소들을 조합해보면 다음과 같다.

조합 1
내부 공간 – 신발을 벗고 사용하는 공간 – 좌식 공간

– 깨끗하고 따뜻하며 매끄러운 바닥면 – 높지 않은 천장과 창문 높이 – 최소한의 가구 사용

조합 2
외부 공간 – 신발을 신고 사용하는 공간 – 입식 공간 – 마감, 난방, 청소 등에 비교적 예민하지 않은 바닥면 – 높은 천장과 창문 – 입식 가구의 사용

하지만 이들 조합은 모든 공간에 적용되는 것이 아니어서 가옥의 형태와 전통, 기후와 거주 관습에 따라 많은 다른 조합이 가능하다. 여기에서는 다시 한옥과 아파트로 돌아가서 이들을 살펴보자.

전통적인 한옥에서 '조합 1'은 온돌방에서 완전하게 구성된다. 방에는 큰 가구를 놓지 않고 단출하게 구성하되 필요에 따라 이불을 펴거나 상을 놓고 목적에 맞게 사용한다. 창은 낮아서 앉은 상태에서도 문을 열고 바깥과 소통할 수 있으며 천장도 그리 높지 않게 설치된다. 이 조합은 대청마루로 가면서 약간의 변화가 발생한다. 우선 바닥면의 난방이 없고 외기에 그대로 노출되기 때문에 내외부의 구분이 모호해진다. 천장 반자를 따로 설

치하지 않아 공간의 볼륨이 크다. 한옥의 마당은 '조합 2'에 가깝다. 실내가 아니기에 천장, 창문, 가구의 문제는 개입되지 않고, 외부이기는 하지만 집 안이라는 감각은 유지된다. 부엌은 내부이면서 신발을 신고 사용하는 낮은 바닥의 입식 공간이다.

현대의 아파트에서도 침실은 '조합 1'에 가깝기는 하지만 사용하는 방식에 따라 약간의 차이가 있다. 신발을 벗고 사용하는 공간이자 깨끗하고 따뜻하며 매끄러운 바닥인 것은 좌식 공간의 속성을 갖고 있으나, 요즘에는 입식 가구를 사용하는 일이 많고 창문이 높다는 점에서 입식 공간으로 볼 수도 있다.

거실의 경우에도 이 애매한 조합은 그대로 유지된다. 침실과의 한 가지 차이는 거실 앞에는 베란다가 붙어 있기 마련이어서 창문이 바닥까지 내려오는 형태가 보편적이다. 베란다는 보통 별도의 창문 공사를 하여 실내 공간으로 전환되지만, 기본적으로는 주호에 제공되는 외부 공간에 가깝다. 신발을 신고 사용하며 바닥면의 상태에 구애되지 않는다. 최근에는 부엌이 침실이나 거실과 크게 다르지 않게 만들어진다는 점도 특징적이다. 매끄럽고 따뜻한 바닥면에 입식 싱크대를 놓고 사용한다.

현대의 아파트는 위의 두 개의 조합 방식에 딱 맞는 공간이 없다. 어쩌면 입식과 좌식의 경계에 놓여 있는 듯하다. 가장 모순적인 부분은 좌식에 알맞게 깨끗하고 매끄러우며 따뜻한 바닥면을 침실, 거실, 부엌, 식당 등의 모든 공간에 시설해놓고, 실제로는 이들 공간 전부 입식 가구를 놓고 사용한다는 점이다.

바닥을 데우는 온돌 난방은 여러 면에서 우수한 방식이나, 침대 생활은 온돌이라는 우수한 방식을 충분히 활용하지 못하게 만든다. 가장 따뜻한 곳이 침대 아래라는 점은 아이러니하다. 동일한 난방 수준이라면 바닥에 이부자리를 깔고 눕는 것이 침대를 사용할 때보다 훨씬 따뜻하다. 바닥에 앉아 소파에 등을 기대는 묘한 방식도 독특한 거주 태도다. 물을 사용하는 화장실, 베란다 등은 타일로 마감하여 물로부터 건물을 보호하고 있지만, 역시 물을 사용하는 부엌만큼은 온돌이 시설된 마루를 사용하는 것도 한국 아파트의 매우 이질적인 조합 방식이다.

한편, 한옥과 아파트는 이러한 조합 방식이 전환되는 경계의 성격 또한 달라 보인다. 단적으로 한옥에 없던

서울 아현동 한옥 해부된 거주의 여러 요소들은 특정한 방식으로 조합된다. 이 조합 방식이 지역과 시대의 주거 문화의 본질을 이룬다. 하지만 때로는 좌식을 예상하고 만든 공간이 입식으로 사용되기도 한다.

현관이 있는 아파트에서는 내부와 외부, 신발, 바닥면 등의 전환이 모두 현관에서 일률적으로 이루어진다. 한옥의 각 요소별 경계가 중첩적이고 느슨했던 것과는 크게 다르다.

아파트는 계속 진화하고 있다. 단동형에서 단지형 아파트로, 신발을 신는 부엌에서 그렇지 않은 LDK 조합으로, 거실과 방 모두 공기 난방을 하는 아파트에서 단계를 거쳐 모든 공간에 바닥 난방을 하는 방식으로 전개되어 왔다. 그사이에서 내부와 외부의 경계, 외부 공간의 성격, 거주의 세밀한 방식이 조금씩 변화하였고 사람들은 점차 적응하였다.

하지만 여전히 아파트 거주 공간 형식의 조합은 모순적인 부분이 있다. 이 조합에 대해 불편함을 느낀다고 하여 쉽게 바꿀 수 있는 것은 아니다. 아파트는 소위 '보편적인' 현대의 삶에 충실하도록 면밀하게 계획된 상품이다. 가장 많은 사람들이 선호할 것으로 판단되는 조합 형태로 일률적으로 생산된다. 이 조합을 선호하지 않는 사람들도 아파트에 살고자 한다면 자신의 거주 방식을 바꾸어야 했다. 아파트의 이러한 기이한 조합 방식은 좌식의 전통 주거에서 아파트로 주거의 보편적 형식이 바뀌면서 발생하는 현상이다. 과도기적이라고 하기에는 이 방식에 충분히 익숙해져 있기 때문에 이는 거주 문화의 측면으로 이해해야 할 것 같다. 이러한 문화는 어떻게 형성된 것일까?

2장

좌식과 입식으로 살펴본
건축 문화의 갈래

1 문화적 전통의 분류와 교류

문화를 분류하는 방법은 다양하다. 가장 널리 쓰이는 기준 중 하나는 장묘葬墓로, 이는 문화의 여러 모습 중에서도 잘 변화하지 않는 보수적인 요소를 선택한 것이다. 종교 또한 큰 기준이다. 기독교, 불교, 이슬람교 등은 유럽과 아시아, 중동을 각각 하나의 세계로 구축할 만큼의 강력한 영향을 미쳤다. 의식과 세계관, 책봉과 조공을 통한 정치적 연결 고리 같은 거시적인 것들만이 아니라 경전을 통해 유통되는 문자 체계, 음식 재료에 대한 선호와 터부, 복식과 장식 등에 이르기까지 종교의 영향은 뚜렷하다. 예를 들어 천하라 일컬어지던 중국 중심의 세계에서는 불교의 세계관과 유교의 정치철학이 사회 시스템과 정치권력의 형태, 문자와 예술 등 많은 방면에서 보편성을 획득하였다. 아랍어를 사용하는 소위 '아랍권'과 지역적 구분으로서의 '중동', 그리고 종교가 기준인 '이슬람권'은 서로 일치하지 않지만, 이슬람 세계의 경우에도 서로 많은 부분을 공유하고 있기는 마찬가지다. 교황을 중심으로 하는 기독교 세계 역시 시대에 따라 다른 모습을 보이면서도 여러 보편성을 갖고 있다. 좀 더 일상에 초점을 두고 문화를 분류하면 포크와 젓가락, 글자의 세로쓰기와 가로쓰기, 띄어쓰기의 여부, 밀과 쌀, 빵과 밥 같은 것들이 기준이 된다. 이들은 보다 삶과 행위에 밀접하다.

최근에는 분류보다도 교류에 좀 더 초점을 맞추어 누들 로드, 치킨 로드, 스파이시 로드 같은 단어들이 유행하기도 한다. 전통 사회에서는 각 지역을 벗어난 일상적 교류가 비교적 적었던 경향이 있기에 교류보다는 분류에 초점을 두었지만, '하나의 세계'라 칭할 만큼의 일상적인 교류가 빈번한 지금은 특정 지역에서 발현된 문화적 속성이 전 세계로 퍼져나가는 양상에 더욱 큰 관심을 갖게 된 것이다. 어떠한 문화적 속성이 지역을 넘어 확산되는지, 또 그러지 않는 것은 무엇인지, 그리고 이들은 어떻게 선택되는지에 대한 이슈들은 매우 흥미롭다.

건축술과 주거 문화도 중요한 분류 기준의 하나다. 건물은 복합적인 대상이다. 구조, 재료, 외관의 형태, 집과 공간의 높이, 평면 구성, 벽·바닥·천장 등 실내 각부의 마감, 냉난방 방식, 문과 창문의 형상, 가구, 수납 방식, 외부 공간구성, 주변 및 도시와의 관계 방식, 집터를 잡는 방법, 장식 기법, 자연 및 인공 조명 방식 등 수많은 요소들의 조합으로 이루어져 있다. 그리고 이러한 요소들이 지역 문화권의 조합 방식을 만들면서도, 계층과 기능에 따라서도 폭넓은 변주를 이룬다. 한반도라는 하나의 좁은 지역권 내에서도 건축을 분류하는 방법은 수도 없이 많다.

한편 이들 각 요소들은 결국 하나의 건물이라는 조합으로 완성되는 것이기 때문에 서로 일정한 영향을 주는 관계에 놓여 있다. 특히 건축 재료는 구조, 건축물 전체의 형상을 비롯하여 많은 부분에 직간접적인 영향을 미치는 요소이다. 또한 실내 공간의 이용 방식은 공간의 크게, 마감, 냉난방 등에 깊은 영향을 주는 주도적 요소라 할 수 있다. 이 둘은 서로 연관 관계를 갖는다. 조합의 태도는 각 지역의 건축 문화를 구분 짓는 분수령을 형성한다. 여러 조합 중에서도 유럽의 석조 조적식組積式

건물에 입식으로 사용하는 실내 공간의 조합과 동북아시아의 목조 가구식架構式의 건물에 때로는 좌식으로 사용하는 실내 공간의 조합은 관심을 가질 만한 대표적인 비교군이다.

하지만 소위 근대사회에 도달할 즈음부터는 지역의 구분이라는 것이 큰 의미를 갖지 않게 되었다. 냉난방 설비 기술의 발달은 어떠한 기후 조건에서도 쾌적한 실내 환경을 구축할 수 있는 가능성을 만들었다. 근대사회, 과학의 신봉과 자연에 대한 인간의 자신감은 소위 '국제주의 양식'이라는, 지역의 특성이 중요하지 않은 건축의 태도를 태동시켰다. 덥건 춥건, 동일한 형태의 건축에 적절한 설비를 갖춘다면 그만이었다. 그런 점에서 건축은 문화적 지표로서의 힘을 잃고 있다.

또한 근대 건축 재료의 주도권을 가지게 된 철, 유리, 콘크리트의 뛰어난 성능은 재료와 구조 측면에서도 그간의 전통을 무의미하게 하였다. 종래의 건축에서는 인근에서 쉽게 구할 수 있는 재료를 이용하고, 그 재료에 가장 합리적인 구조법을 채택해왔다. 나무를 구하기 쉬운 곳에서는 목조건축을, 돌이 좋은 곳에서는 석조 건축을, 둘 다 해당하지 않는 곳에서는 흙을 이용하여 집

그리스 아테네의 파르테논신전과 중국 베이징의 천단 기년전 건물의 형식에 영향을
주는 요소는 다양하다. 특히 지역마다 다른 건축 재료는 건축물의 구조와 형태, 건
물에 대한 관념과 욕구에까지 깊은 영향을 미쳤다.

을 지었다. 지붕 재료도 마찬가지였다. 하지만 근대 건축 재료의 폭발적 사용 증가와 무역 환경의 변화는 세계 어디에서건 유사한 재료와 구조법이 유행하도록 만들었다. 엘리베이터의 등장으로 밀도에 대한 한계도 희미해졌다. 구조적으로 튼튼한 철골조나 철근콘크리트조에 엘리베이터를 작동시킨 고층, 초고층의 건물이 도시를 뒤덮었다.

그렇기 때문에 현대의 건축술과 주거 문화에서는 각 지역의 전통이 직접적으로 드러나지 않는 경향이 있다. 다만 주택은 오랜 생활 관습을 쉽게 바꾸지 않는 보수적 경향이 있다. 주택의 변화는 느리고 선택적이다. 단순하게 논할 수 있는 문제는 아니지만, 근대 이전의 건축을 주 대상으로 몇 가지 요소를 살펴보고자 한다. 여기에는 주택뿐만 아니라 여타 용도의 건물도 포함시켰다.

2 구조와 재료

먼저 구조다. 구조는 건축 재료 및 외관, 창호 등 많은 다른 요소들에 영향을 주는 중요한 부분이다. 건물의 뼈대에 해당하는 것을 구조라고 하는데, 주택 역시 그 구조법에 따라 크게 조적식구조와 가구식 구조로 구분된다. 조적식은 돌이나 벽돌 등의 재료를 쌓아서 벽체를 만드는 방법이다. 조적식 벽체는 벽 자체가 상부의 하중을 받는 구조재이기 때문에 개구부를 내기 위해서는 반드시 별도의 장치가 필요하다. 창이나 문 위에 튼튼한 인방引枋을 설치하여 그 위의 하중이 개구부를 피해 좌우로 전달되도록 해야 하기 때문에 본질적으로 넓은 창문을 내는 것이 어렵다. 이 문제를 극복하기 위한 것이 아치 기술이다. 로마 시대에 크게 발전한 아치는 조적 벽체에 개구부를 내는 획기적인 구조법이었고, 이 방식의 발전에 따라 보다 넓은 개구부를 내는 것이 가능해졌다. 아치의 발달은 중세 시대에 이르러 정점에 이르렀다. 프랑스 파리 시테섬에 있는 생트샤펠 성당은 후기 고딕건축이 조적 벽체의 구조적 한계를 어떻게 극복하고 있는지를 잘 보여준다. 기둥을 제외한 모든 벽이 화려한 스테인드글라스로 구성되어 빛나는 실내 공간을 만들어내었다. 실로 서양 건축의 구조 발달사는 조적 벽식구조의 한계를 극복하는 과정이었다고 할 수 있다. 그럼에도 불구하고, 본질적으로 조적 벽체의 창은 세로로 긴 것이 유리하다. 서양의 오래된 주택들이 세로로 긴 창을 많이 사용하는 것은 이러한 구조적 전통에 따른 것이다. 폭이 넓지 않은 세로 창으로 충분한 채광을 받기 위해 창의 높이를 더욱 키우게 되었고, 이는 이 지역 주택의 특징적 모습이 되었다.

이와 대별되는 가구식 구조는 기둥과 보 등 선형의 부재를 수직, 수평으로 사용하여 먼저 뼈대를 만드는 방식이다. 지금은 콘크리트나 철골 등 현대적인 재료를 사용하지만 종래에는 주로 목재를 사용하였다. 선형 부재만으로 이루어진 뼈대가 상부의 하중을 담당하기 때문

프랑스 파리 생트샤펠 성당 석조 조적의 전통이 강한 유럽의 건축도 더 넓은 창을 만들어 점차 경쾌한 공간을 구축하는 방향으로 발전했다. 고딕 시대의 건축 특징을 잘 보여주는 생트샤펠 성당의 내부는 밝은 빛이 가득하다.

에 벽은 칸막이의 역할을 할 뿐, 건물 전체의 구조와는 무관하다. 그렇기 때문에 기둥과 기둥 사이에 칸막이벽을 놓거나 전체를 개방하는 것이 모두 가능하며, 창의 크기도 문제없이 조절할 수 있다. 벽식구조가 막힌 면을 우선 만들고 필요한 창을 내는 방식이라면, 기둥식 구조는 우선 기둥 열만 세워놓고 필요한 벽을 만드는 방식이다. 대신 기둥과 보 구조의 구성 방식에 의해 직교 그리드의 교차점마다 기둥이 놓이기 때문에 평면의 구성에 제약을 받을 수는 있다. 그래서 조적식구조는 실내가 어둑한 느낌을, 가구식 구조는 개방적인 느낌을 주는 경향을 보인다. 물론 고급 건축물이라면 어떤 구조를 사용하더라도 공간의 느낌을 조절할 수 있다.

조적식이나 가구식이나 지붕의 구조는 목재로 만드는 일이 많았다. 조적식의 경우, 수직으로 쌓는 것은 쉽지만 수평으로 공간을 가로지르는 것은 매우 어렵기 때문이다. 11세기경에 유행한 로마네스크 양식 이후의 거대한 성당들은 조적 궁륭이나 돔을 이용하여 천장까지 조적 방식으로 만들었는데, 그렇다고 하더라도 그 상부의 지붕 구조는 보통 목재를 이용하였다. 목재 구조를 위에는 기와 등의 지붕 마감재를 놓았다. 말하자면 목재를 사용하여 경사진 지붕의 뼈대를 만드는 것은 건축의 보편적인 방법이다. 지붕의 핵심 기능은 빗물을 빨리 흘려보내서 건물을 물로부터 보호하는 것이다.

그런데 구조와 재료에 따라 지붕의 형상은 또 다른 차이를 지니게 된다. 벽체가 돌이나 벽돌같이 물에 버틸 수 있는 재료로 되어 있는 조적식구조에서는 지붕의 처마를 깊이 내밀기보다는 외벽선 가까이 맞추어 지붕을 형성한다. 벽에 빗물이 떨어진다고 해도 문제될 것이 없기 때문이다. 반면 목재를 사용하는 가구식 구조에 흙이나 나무로 벽체를 만들었다면 이들 재료의 성격상 벽체에 비를 맞지 않게 하는 것이 중요하다. 그래서 한옥의 지붕은 가장자리 기둥 열 너머로 처마를 깊게 드리우는 방식으로 발전하였다. 지붕에 대한 요구의 차이는 목재 구조의 방식에도 영향을 주었다. 처마 없이 외벽선에 맞추는 지붕에는 트러스truss 구조가 가장 적합하다. 경량 목재로도 충분한 경간을 만들 수 있을 뿐만 아니라 구조적으로도 유리한 점이 많다. 처마를 내밀어야 하는 방식에서는 트러스보다는 서까래를 이용하여 내미는 방식을 택하였다. 한옥 처마를 떠올리면 쉽게 상상될 것이다.

콘크리트나 철골을 이용하는 현대의 건축에서 석조 조적식이나 목조 가구식은 특별한 경우가 아니면 잘 쓰이지 않는다. 건물의 형태는 구조적 본질과는 상관없이 자유로워졌고, 벽은 점점 가벼워져서 거대한 유리블록 같은 건물들이 도시를 채우고 있다. 바야흐로 동대문디자인플라자 같은 '비정형 건축'이나 '글래스 커튼월'의 고층 오피스 건물이 주도하는 건축의 시대이다. 빗물을 빨리 흘려보내기 위해 채택되어온 경사 지붕은 방수 기술의 발달에 따라 더 이상 절대적인 방법이 아니게 되었다. 평지붕에 미세한 배수 경사만으로도 집 안으로 물이 들어오는 것을 잘 막을 수 있다. 요컨대, 지금은 지역의 구분이라는 것이 큰 의미를 지니지 않는다.

지역의 구분이 사라지는 경향은 대개 중대형 건물, 그리고 비주거용 건물에 더욱 도드라진다. 주택은 생각보다 보수적이다. 재료와 구조가 변하였다고 하더라도 조망, 채광과 환기를 비롯하여 사생활의 보호와 효율적인 단열 성능을 요구하는 주택에서는 나름의 적합한 창의 크기가 있고 벽에 의한 공간의 구분이 필요하다. 여전히 각 문화권은 지역마다 발전해온 주택 전통의 연장선상에서 현대 주택을 만들고 있다. 조적식 건축 문화가 발달해온 지역에서도 기둥-보의 가구식 구조는 보편화되었다. 반면 목조 가구식의 전통을 가지고 있는 우리나라는 벽식 아파트 공법의 최첨단을 걷고 있다는 점이 아이러니하다.

3 실내 공간의 바닥

    건축 재료는 구조에만 영향을 주는 것이 아니다. 조적 구조를 위한 돌과 벽돌, 가구 구조를 위한 목재, 그리고 흙 등의 각 재료는 구조재의 성격도 갖고 있지만 마감 재로도 사용된다. 오래된 건물일수록 구조와 의장 재료가 분리되지 않고 통합되어 있었다. 구조재로서는 하중의 처리를 위한 강성에 주목하지만, 마감재로서는 어떻게 보이는가, 어떤 느낌을 주는가에 주목한다. 실내 공간의 바닥은 신체와 건물이 직접 맞닿는 지점이라는 점에서 마감재의 성격이 중요하다. 실외든 실내든 아예 신발을 신지 않는 문명은 논외로 하자.

    신체와 건물이 닿는다는 측면에서 온도는 매우 중요한 키워드다. 바닥면이 차갑거나 반대로 너무 뜨거운 경우에 피부와 건물 사이에는 별도의 장치가 필요하기 때문이다. 더운 기후대의 실외 공간은 바닥이 뜨거울 가능성이 높지만, 지붕에 의해 태양광을 걸러낸 실내 공간은 별문제가 아니다. 차가운 바닥면과의 접촉을 피하기 위해서는 크게 두 가지의 방식 중에서 선택할 수 있다. 발바닥이라는 피부에 집중해 양말과 신발 등을 신거나 건물에 집중해 실내의 바닥면 자체를 따뜻하게 만들어야 한다.

전자는 이미 실외에서 신고 있었던 것들을 그대로 실내에서도 유지하면 되기 때문에 비교적 간단하다. 신발에 의해 실내 바닥면이 쉽게 손상될 정도가 아니라면 어떤 재료의 바닥이라도 문제가 되지 않는다. 신발을 신고 입식으로 사용하는 공간 전통을 가지고 있는 지역은 매우 많다. 유럽 대륙, 아메리카 대륙의 거의 모든 문명은 이 방식을 채택하였다. 아시아에서도 아열대나 열대 기후에 속하는 지역이라면 신발을 벗거나 신는 것은 문화적 선택의 문제다. 대체로 건물의 기능과 의식적 관점에 따르게 된다. 예를 들어, 이슬람 지역의 모스크, 힌두 사원, 동남아시아의 불전 등은 신발을 벗고 들어가는 것을 예의에 맞는 것으로 보고 있다. 베트남의 딩Đình(마을 공동 시설)에는 종종 일부가 마루로 마감되어 있는데 여기에는 그냥 신발을 신고 올라가 사용한다. 온대나 아한대의 기후에서 신발을 신고 사용하는 경우도 많은데 중국의 관습이 그러하다.

후자는 건물에서 이 문제를 해결해야 하므로 좀 더 복잡해진다. 우선 신발을 신고 사용하는 공간과 그렇지 않은 공간을 구분해두어야 하고, 그 사이에는 적당한 경계가 필요하다. 높낮이의 차이를 두는 것이 보편적인 방식이다. 다음으로는 바닥면의 온도를 적당하게 유지해야 한다. 일본의 주택이나 사찰 등에서는 마루의 목재나 방의 다다미를 마감 재료로 선택하였다. 지면으로부터 일정하게 분리되어 있는 높이이기 때문에 지면의 냉기가 건물 내로 바로 영향을 주는 것을 차단하면서 비교적 단열 성능을 갖고 있는 재료로 마감한 것이다. 특히 몸 전체와 건물이 접촉하게 되는 침실 계통은 다다미를 사용하여 보다 높은 단열면을 형성하였다.

한국의 주택은 단열만이 아니라 바닥면 자체를 덥히는 방법을 택하였다. 우리에게는 매우 익숙한 온돌 난방이 그것이다. 온돌 난방을 위해서는 바닥면 아래에 고래를 설치하고 그 바깥으로 아궁이나 보일러 같은 열원과

일본 교토 슈가쿠인과 프랑스 파리 노트르담대성당 신발을 벗고
실내 공간을 사용한다면 차갑지 않은 바닥을 구성할 필요가
있다. 온돌 난방은 그중에서도 가장 따듯한 바닥을 구현하였
다. 일본에서는 다다미를 이용하여 바닥으로부터의 냉기를 차
단했다.

굴뚝을 두어야 한다. 바닥면의 높이가 면밀하게 계획되어야 하고 난방의 효율을 위해 설비적인 측면에 대해서도 고민할 것이 많다. 전통 시대에는 직접 아궁이에 불을 때고 흙과 돌로 만든 고래로 이 열기를 통과시키면서 바닥을 데우고 최종적으로는 굴뚝으로 연기를 배출하는 방식을 썼다. 아궁이와 실내 바닥의 높이는 서로 연관되어 있어서 하나의 건물 내에서 상이한 바닥 높이를 갖는 공간을 병치하여야 했다. 지금은 가스, 기름을 태우는 보일러를 설치하고 여기에서 데운 물을 온수 파이프를 통해 바닥 마감면 아래를 지나도록 한 다음 다시 이 물이 보일러로 순환되는 방식을 일반적으로 사용하고 있다. 굴뚝이 보일러에 함께 붙어 있기 때문에 설비 공간은 좀 더 축소될 수 있었으며 난방 효율도 훨씬 높아졌다. 최근에는 전기로 물을 끓이는 전기보일러나, 아예 온수 파이프 안에 열선 코일을 넣어 보일러 없이 바로 물을 데우는 방식도 사용되고 있다. 이러한 바닥 난방은 아마도 가장 복잡한 방법으로 피부와 건물의 접촉 온도를 해결한 것으로 볼 수 있으며, 한국 건축 문화의 주요한 특징을 형성하였다. 그렇게 보면 한국식 바닥 난방은 건물의 바닥에 관해서는 최첨단에 해당하는 기술이다. 점차 세계의 많은 지역에서 한국식 바닥 난방을 채택하고 있는 것은 그럴 만한 이유가 있는 것이다.

한편, 마감면의 질감 또한 공간 사용 방식에 영향을 준다. 석재는 매끈하게 다듬는 것이 목재나 흙에 비해 공이 많이 들어가기 마련이므로 거친 면을 그대로 사용하면서 신발을 신는 것이 합리적이다. 벽돌을 줄눈 없이 서로 붙여 쌓으면 비교적 매끄러운 면을 얻을 수는 있지만 이것도 쉬운 일이 아니다. 별도의 마감 없이 지표면 그대로 실내 바닥으로 구성하는 경우도 꽤 있다. 당장 한옥의 부엌만 해도 맨바닥인 것이 보편적이다. 오히려 신발을 신고 있는 사람들의 입장에서는 너무 매끄러워서 자칫 넘어질 수 있는 것보다는 거친 면이 좋기도 하다. 목재를 사용하는 마루, 온돌방의 종이 장판, 일본식 가옥의 다다미 마감은 비교적 부드럽고 매끄러운 면을 가지기 위해 별도로 가공된 건축 재료를 사용한 것들이다. 평상시에 잘 닦아서 관리되어야 하는 재료들이기도 하다. 이러한 마감에서는 신발을 벗고 있더라도 발을 다치거나 더럽힐 가능성이 적다.

4 난방 방식

우리에게는 온돌을 이용하는 바닥 난방이 익숙하다. '방바닥에 등을 지지고 자야 피로가 풀린다'는 흔한 말은 사람들이 이 방식에 얼마나 익숙해져 있는지를 보여주며, 침대를 쓰면서도 방바닥은 따뜻해야 한다는 고정관념도 그러하다. 실로 온돌 난방은 바닥면에 축열된 열이 방의 공기를 데우는 복사난방에 해당한다. 처음 바닥을 데우는 데는 시간이 걸리지만, 한번 가열된 이후에는 오래 지속되어 효율적이며 실내의 온도 분포가 비교적 균등하여 신체의 만족도가 높다. 따뜻한 공기를 사용하는 대류난방의 경우 온기가 위로 모이기 때문에 바닥 가까이는 오히려 온도가 낮은 반면, 온돌 난방은 바닥면이 가장 따뜻하다. 이 난방 방식은 확실히 좌식 생활에 유리하다. 바닥에 앉거나 누워 있을 경우, 천장 쪽만 따뜻해서는 안 되기 때문에 난방 부하가 높아지는 대류난방보다 훨씬 효율적이다. 반대로 이층 침대를 사용한다면 온돌 난방의 효율이 낮을 수밖에 없다.

단점도 있다. 우선 건물을 지을 때 고려해야 할 것이 많고 설비 비용이 증가한다. 설비에 문제가 생겼을 때에도 바닥 전체를 재시공해야 하기 때문에 유지 보수에 많은 추가 비용이 발생할 수 있다. 예열 시간이 길고 온도 제어에 즉각적으로 반응하지 않는 것도 단점이다. 하루 종일 집을 중심으로 생활해오던 전통 사회에서는 그렇지 않지만, 밤에만 집에 머무르는 일이 많은 현대의 생활에서는 이 지점이 큰 단점이 될 수 있다.

이러한 단점에도 불구하고 온돌을 이용하는 바닥 난방을 고집하는 것은 좌식 생활과 온돌 난방 방식이 밀접한 관계를 갖고 형성된 하나의 세트이기 때문일 것이다. 우리나라의 옛 한옥에는 한정된 공간에 온돌을 설치하였다. 온돌방과 마루가 결합된 주거의 형태는 단연 한국의 독특한 주택 전통에 속한다. 불을 때는 방, 불에 타기 쉬운 목재로 만든 마루의 결합은 기술적으로도 뛰어난 성과이다.

다른 건축 문화권에서는 어떻게 난방을 하였을까? 가까이 일본의 경우 이로리囲炉裏라고 부르는 화로를 이용하였다. 실내 바닥의 일부에 마감을 하지 않고 모래나 재를 채워 불을 피운다. 취사용이자 난방용인 이 시설은 때로 이동할 수 있는 목재 상자나 항아리를 사용하기도 한다. 이 방식은 다분히 원시적인 것으로부터 연원을 두고 있다. 원시적인 주거에서는 실내에 불을 피워 난방과 취사를 하였다. 이 두 기능을 분리하기도 하고 통합하기도 하는 등 시기와 지역에 따라 조금씩 다른 점은 있었지만, 가장 오래된 난방 방식이라 할 수 있다. 더운 계절에도 취사할 때마다 실내가 더워지는 점, 연기를 배출하는 장치가 없어 자연 환기에 의존해야 하는 점 등은 큰 단점이었다.

유럽 등지의 난방도 비슷하다. 오스트리아의 라우흐하우스Rauchhaus, 독일의 슈빕보겐헤르트Schwibbogenherd 등은 모두 이러한 방식과 유사하다. 좀 더 진전된 방식은 벽난로인데, 화구 앞의 개폐 장치나 굴뚝, 금속재를 이용한 반사판 등이 부가되면서 보다 높은 효율을 추구하였다. 불을 피우지 않았을 때 실내의 온기가 화구와 굴뚝을 통해 바깥으로 빠져나가는 것은 단점이다. 이 방식은 우리나라에도 사용되었다. 산간의 화전민이 살던 집 중에는 '고콜'을 사용하였다. 고콜은 실내의 벽 모퉁이에 화구를 놓을 수 있는 턱을 만들어서 불을 피우고, 위쪽으로 구멍을 내어 연기를 배출하는 간단한 난방 방식이다. 또한 바닥 온돌이 보편적으로 사용되기 전에는 화로를 실내에 두어 불을 피우는 방식으로 난방을 하기도 했다. 20세기에 들어 온수를 이용하는 라디에이터 방열기를 실내에 놓은 것은 획기적인 발전이었다.

우리와 유사한 온돌 방식을 사용하는 곳도 있다. 중국 북방 지역의 경우 '캉炕'이라 부르는 설비를 실내에 만들어 난방을 하였다. 다만 이러한 방식은 방 전체를 데우는 것이 아니라 주로 침상에 국한하여 바닥 난방을 하는 것이어서 차이가 있다. 베이징 자금성의 침전에도 이러한 난방시설이 있어, 황실에서도 사용한 것을 알 수 있다.

한국의 바닥 온돌을 제외한 다른 방식들은 모두 실내에서 불을 피우는 방식이다. 불을 피우기 위한 나무와 그로부터 발생하는 재, 연기 등이 모두 실내에 있는 셈이어서 화구 주변이 쉽게 오염되곤 한다. 온돌은 아궁이와 굴뚝이 모두 바깥에 설치되기 때문에 이 문제로부터 자유롭다는 큰 장점을 가지고 있다. 말하자면 온돌은 깨끗한 실내 바닥을 유지할 수 있어서 좌식 생활에 더욱 유리하다. 우리 온돌이 정착되기 전, 혹은 간소한 집들에서 사용되었던 화로, 고콜 등의 난방법이 다른 지역의 방식과 유사한 점이 있었던 것을 보면, 바닥 온돌 난방은 이러한 경험을 통해 여러 난방 방식의 약점을 해소한 획기적인 기술적 진전임이 분명하다.

다만, 전통 방식의 온돌 시설을 2층 이상의 높이에 설치하는 것은 매우 어려운 일이었다. 현재 남아 있는 옛 한옥들은 대부분 조선 중기 이후의 것들로서, 온돌이 보편화된 시기의 집들이다. 중층 주택을 찾아보기가 어려운 것은 온돌 난방 방식의 유행과 관련이 깊다. 경북 상주의 대산루와 옥동서원 문루는 2층 높이의 바닥에 온돌방을 들인 매우 특별한 사례들이다. 그렇지만 그 아래의 공간을 잘 사용하기는 어려운 구조였기 때문에 완전한 2층이라 볼 수는 없다. 옥천향교 문루도 매우 중요한 사례에 속한다. 개방된 누 아래의 공간에 아궁이를 설치하였는데, 바닥에서부터 쌓아 올린 방식이 아니라 상층 바닥면 아래에 붙이는 획기적인 실험을 하였다.

신체와 접촉하는 바닥을 데우는 온돌 난방은 천장보

일본 다카야마시(市) 요시지마 가문 주택의 이로리와 충북 옥천향교 문루의 온돌 시설 불을 피워 거주 공간을 따듯하게 하는 것은 주거의 핵심이다. 어떤 난방 방식을 취하는가에 따라 실내 공간의 형태와 거주 경험이 달라진다.

다는 바닥 쪽이 더 따뜻한 실내 환경, 매끄럽고 깨끗한 바닥면 등 좌식 생활에 최적화된 방법으로 진화해온 기술이다. 이 조합에 대해 각별한 주의를 기울일 필요가 있다.

5 의식과 일상

지역의 구분만큼이나 의식 공간과 일상 공간의 구분도 중요하다. 주택이 일상의 편의를 추구하는 방향으로 발전하면서 지역적 특색을 강하게 드러냈다면 의식 공간은 그와는 다른 양상을 보였다. 의식은 특정한 전범을 가지고 있게 마련이어서, 주변 지역으로부터 유입된 의식 규범이 있다면 기존 공간 체계에서 통용되어온 것과는 다른 행동 패턴이 요구될 가능성이 높다. 한국의 경우, 불교 의식이건 유교 의식이건 간에 그 모범을 중국으로부터 받아들인 것이기 때문에 중국의 입식 공간 전통의 영향을 받지 않을 수 없었다.

대부분의 의식은 앉아서가 아니라 선 상태로 진행된다. 따라서 그 공간의 성격은 좌식이기보다는 입식이어야 한다. 입식 공간과 좌식 공간은 천장고나 개방감 등 물리적인 건축 공간의 조건에서도 차이를 보일 수 있지만, 기물의 측면에서도 차이가 있다. 예를 들어 의식에 참여하는 사람들이 서 있다면, 의식을 받는 사람의 자리는 서 있는 사람들의 시선보다 높게 위치하는 것이 상식이다. 그래서 사찰의 불단, 궁궐의 어좌와 같이 별도의 시설을 두어 시선의 높이를 조절하였다. 서원이나 반가의 사당에서 신위를 낮게 놓지 않는 것도 마찬가지 이유다. 또한 참석자들이 꿇어앉아 절을 하는 별도의 자리를 두어 불편함이 없게 하였다. 그럼으로써 모든 참석자들의 움직임과 행위의 위치가 지정되는 경향을 띠는데, 이것이 고정된 의식 규범이 된다.

무엇보다도 중요한 차이는 의식에 참여하는 사람들이 건물의 내외를 드나드는 행위의 빈도와 성격에서 발생한다. 일상적인 공간에서와 달리 의식 공간에서는 의식 동선의 일부로 건물 출입 행위가 규정된다. 예를 들어 궁궐 정전의 진하進賀에서 임금은 정전 후면의 문으로 들어오고 여타 참석자 중 건물에 들어오는 사람은 정면의 편문을 이용하여 출입하게 되는데, 이러한 움직임은 꽤 빈번하게 일어난다. 출입의 경로는 임금과 여타

태국 방콕 왓 프라깨우 사원의 입구 의식은 지역을 넘나들면서도 고정적인 경향
을 띤다. 그것이 의식 행위의 권위를 보장하기 때문이다. 하지만 한 지역에 정착
한 의식은 점차 그 지역의 건축 관습에 맞추어 변화되어간다.

참석자들이 다르다. 임금은 후면의 문으로 드나들고 다른 사람들은 정면의 문을 사용한다. 이런 경우, 만약 근정전이 좌식 공간이라 할지라도 드나드는 움직임이 번거롭지 않아야 한다. 의식은 시간에 의해 규정된 움직임을 전제로 하기 때문이다. 그러므로 자주 함께 이용해야 하는 공간 사이에는 신발을 벗지 않고도 이동할 수 있는 장치가 마련되어야 한다.

여러 호위하는 관원이 들어와서 어좌의 뒤와 전내의 동쪽·서쪽에 늘어서고, 다음에 승지가 전내의 동쪽·서쪽에 나누어 들어와서 부복하고, 사관은 그 뒤에 있고 (…) 전전관展箋官 2인이 전안箋案을 마주 들고 동문을 지나 들어와서 자리 앞에 두고는 부복한다. 선전목관이 서편계로부터 올라와 들어와서 전안의 남쪽에 나아가서 부복하고 꿇어앉는다. 전전관이 꿇어앉아 전목箋目을 취하여 마주 펴고 선전목관이 선포한다. 이를 마치면, 부복하였다 일어나서 내려와 그전 자리로 돌아가고, 전전관은 전목을 안案에 두고는 부복한다. 처음에 전목을 선포하여 장차 마치려 할 때에, 선전관이 서편계로부터 올라와 들어와서 전안의 남쪽에 나아가서 부

복하고 꿇어앉고, 전전관이 꿇어앉아 최고관最高官의 전
문箋文을 취하여 마주 펴고 선전관이 선포한다. 이를 마
치면, 부복하였다가 일어나 내려와서 그전 자리로 돌아
간다. 대치사관代致詞官이 서편계로부터 올라가 어좌 앞
에 나아가서 부복하고 꿇어앉는다.

『세종실록』, 「오례」, 「가례」, 「중궁정지백관조하의中宮正至百官朝賀儀」 부분

위의 기사는 정월 초하루와 동짓날에 문무백관들이
임금에게 조하朝賀를 올리는 절차를 기록한 것의 일부
다. 이를 보면 전전관, 선전목관, 대치사관 등은 의식의
진행을 위해 빈번하게 동문과 서문을 통해 근정전勤政殿
을 드나든다. 만약 근정전의 실내가 좌식 공간으로 만
들어졌다면 이 빈번한 출입마다 매번 신발을 신고 벗는
동작이 반복될 것이고 이는 의식의 진행에 지장을 초래
할 수 있다. 또한 호위 군사가 전내의 어좌 주변을 둘러
싸고 서게 되는데, 호위 군사가 신발을 벗고 전내로 들
어온다면 이들의 호위 임무에도 일정한 불편함이 생길
것이다. 의식 공간을 입식으로 구성하는 것은 위와 같은
불편함과 시간적 지체를 해소하기 위한 합리적인 선택
이라고 할 수 있다.

한편 근정전과 달리 빈번한 출입을 요구하지 않는 사정전 등 편전에서의 의식은 다른 양상을 띤다. 사정전에서의 의식은 실내에 들어와 오랫동안 정무에 관한 실질적인 대화를 진행하는 형태이기 때문에 한번 들어온 참석자들은 의식이 끝날 때까지 전내에 머무르는 것이 보통이다. 다만 상참常參(매일의 조회) 의식은 조계, 경연 등과 달리 의식적인 경향이 강해 품계별로 드나들며 인사를 올리는 행위인데, 조선 후기로 가면서 간소화되어 점차 소멸되는 양상을 띤다. 이 경향은 애초에 전돌로 마감하였던 편전이 조선 후기에 마루가 설치되는 변화와 맞물려 있는 것으로 해석될 수 있을 것이다. 즉, 조선 전기에 입식 의식의 배경으로서 활용되었던 편전이 점차 입식 의식보다는 좌식의 정무 논의를 중심으로 활용되면서 입식 공간에서 좌식 공간으로의 변화가 가능해졌다고 생각된다.

사찰 불전도 마찬가지이다. 조선 후기에 들어 많은 사찰의 불전 내부가 원래의 전돌 마감 위에 다시 마루를 시설하거나, 애초에 마루로 계획된 사례가 늘어나는 것도 이와 유사한 관점에서 이해할 수 있다. 불전 내에서의 의식이 출가자 개인의 수행이나 발복 기도의 형태로 진화하면서 불전의 참배자는 전각 내외를 드나드는 일보다는 내부에서 오랜 시간을 머무르는 행위가 많아졌다. 참배에 용이하도록 불전 내부의 기둥 위치가 바뀌게 되고 동시에 바닥 마감 역시 변화를 겪는다. 불전이나 궁궐 편전이 정전류 전각과 달리 후대에 바닥 마감을 바꾸어 좌식화하는 것은 의식의 체계와 관계된다.

조선 후기에 발달한 소위 4동 중정형中庭形의 소규모 사찰은 배치 형태상으로 중국의 사합원四合院과 크게 다르지 않다. 그러나 입식, 좌식의 관점에서 보면 이 둘 사이에는 큰 차이점이 존재한다. 소규모 사찰의 실내 공간은 예배 공간과 승려들의 생활공간이 모두 좌식으로 구성되어 있다. 이들 전각을 상호 연결하지 않은 것은 건물 간의 이동이 빈번하지 않을 뿐만 아니라 한 건물 내에서의 행위가 비교적 독립적이기 때문이다. 예배의 행위도 좌선과 독경, 배례 중심이기 때문에 대규모의 집회를 구성하는 것과는 공간의 사용법이 다르다. 그러나 사합원의 공간은 모두 입식으로 되어 있고 이들 사이를 연결하지 않은 것은 입식 공간이기 때문에 빈번한 이동에도 불구하고 크게 불편하지 않기 때문이라 할 수 있다.

요약하자면, 일상 공간과 의식 공간은 본질적으로 공

간 활용의 행태가 달라 좌식 공간으로의 변화 속도가 달랐으며, 의식의 농도가 짙을수록 그 변화가 느리거나 혹은 끝까지 입식 공간으로 남게 되는 경향이 있었다. 이는 모두 신발을 신고 벗는 행위의 빈도와 성격에 따른 것으로 해석될 가능성이 높다. 또한 결국 신발을 신고 벗는 강한 경계감을 해소하는, 달리 말하면 불편함을 제거하는 방향으로 건축이 진화하였다는 점은 주택으로 대표되는 일상 공간이나 사찰, 궁궐 등으로 대표되는 의식 공간에서 동일하게 나타나는 양상으로 이해된다.

6 신발과 건물 배치

    좌식으로 신발을 벗고 사용하는 공간은 건물의 진입 방향 전면과 후면의 구분을 강화하는 경향을 만들어낸다. 또한 통과 동선이 어렵기 때문에 실외 공간의 동선(예를 들어 안마당과 바깥마당 사이의 연결)과 실내 공간의 동선이 서로 교차하는 형태로 구성될 수 없다는 점도 주목해야 할 문제이다.

    동아시아 건축 전통에서 중국적 공간구성은 원형적 참조점이라는 지위를 갖고 있다. 특히 지역과 생활의 관습의 영향을 비교적 강하게 받는 주택 등 비권위적 일상 건축에 비해 궁궐과 같이 원칙과 규범이 강조되는 권위 건축에서는 하나의 문명권 내에서 통용되는 건축의 개념이 존재하기 마련이다. 중국을 중심으로 하는 동아시아 문명권 내에서 그 규범적 개념은 고대 중국의 그것으로 인식되어왔다는 데 이견이 없다.

중국적 건축 배치의 기본은 좌우 대칭의 종축 구성이다. 이는 꽤 오랜 역사를 가지고 있다. 궁궐, 종묘, 도성 등의 권위 건축뿐만이 아니라 사합원이나 민가 등 모든 건축 형식은 중축선中軸線을 가지고 있다. 이러한 중축선 관념은 일찍이 후기 하나라 시기의 건축 문화 중에 이미 보인다. 중국 건축사 연구의 아버지라 일컫는 량쓰청梁思成은 중국의 건축은 평면, 배치 또는 결구結構 등에서 사묘, 궁궐, 주택 사이에 특별한 구별이 없다고 하였다. 특히 중축선이 우선이 되고 좌우의 교축선은 종종 생략되는데, 중축선에 대해 교축선이 자신의 관점을 세우지 않으면 완전히 부속되며, 궁전, 사묘에서 규모가 큰 것은 중축선상에서 정원의 수를 증가시키므로 그 평면은 전후로 길고 동서로 좁게 나타난다고 설명한 바 있다.

이러한 인식은 사실 시대와 지역을 막론하고 건축의 본능에 가까운 상식적인 구성이라 할 수 있다. 하지만 이것을 상식을 뛰어넘는 하나의 개념화된 규범적 전통으로 받아들여 문명권 내에서 통용하였다는 점은 동아시아 건축술의 중요한 특징이다. 일본의 헤이조쿄, 헤이

안쿄 등의 건축군 유적과 베트남 후에, 타인호아의 유적 등은 모두 이러한 건축술을 공유하고 있다. 한국 건축의 원류 역시 이러한 중국적 전통으로부터 자유롭지 못하며 시대가 올라갈수록 원형적 참조점의 영향이 강하게 나타나는 경향이 있다.

단, 중축선을 사용하는 배치법의 전통은 신발을 신고 벗는 행위와 충돌할 가능성이 높다. 왜냐하면 일렬로 배치된 건축물들은 으레 건물을 통과하는 동선을 필요로 하기 때문이다. 건물을 통과하는 순간에 신발을 벗고 신는 동작을 발생시킨다면 이는 매우 번거로울 것이다. 즉, 중축선 배치법은 입식 공간과 가장 잘 어울리는 형태이다. 신발의 문제는 생각보다 많은 부분에서 건축의 면모를 바꾸어놓았다. 이러한 변화는 단일 건축물에 국한되는 것이 아니며 배치법의 변화까지 추동하는 힘을 지니고 있었다고 생각된다. 그 단적인 예는 조선 시대 궁궐의 배치에서 발견된다.

주지하다시피 조선의 궁궐 중 경복궁을 제외한 창덕궁, 경희궁, 덕수궁 등은 고대 중국의 전통으로부터 유래한 중축선과 좌우 대칭의 모델을 따르지 않고 소위 '병렬식 배치법'을 건축물 배치의 틀로 삼았다. 경복궁이나 창덕궁이 모두 왕실의 의례와 생활을 담아야 하는 동일한 속성을 갖는 건축 공간임에도 불구하고 전혀 상이한 배치법을 선택한 것은 조선 시대 궁궐 배치에 대한 중요한 의문의 하나다. 자연지세에 순응하는 형태라든가, 소규모의 이궁에서 법궁으로 위상이 변화하면서 협소한 대지에 적응하며 발전해간 형태라든가 하는 것이 지금까지의 해석이라 할 수 있다. 이러한 논의들은 충분한 논리를 갖추고 있지만 좌식과 신발의 문제를 부각시켜 이 문제를 재해석해보고자 한다.

경복궁을 공간적 배경으로 삼아 정비된 국가의례 중 조참朝參은 근정문勤政門에서 진행된다. 임금은 사정전에서 차비하고 있다가 의식을 위해 근정문으로 나아가게 되는데, 사정전과 근정문 사이에 위치하는 근정전에 의해 동선이 방해받게 되는 측면이 있다. 이 점에 대해 다음과 같은 논의가 진행된 바 있다.

승정원承政院에 전지傳旨하기를, "금후로는 조참을 받을 때 사정전의 문을 나와서 바로 근정전 중앙을 거쳐서 근정문에 이르도록 하라" 하였다. 이보다 앞서 조참을 받을 때 사정전을 나와서 근정전 동쪽 처마 밑을 거쳐

서 월대月臺 중간 계단을 지나 근정문에 이르렀었다. 이
때에 이르러 동쪽 처마 밑이 좁았기 때문에 이러한 명
령이 있었다.

『세조실록』 세조 10년 4월 25일 정미

세조 연간의 조참 동선 변경은 근정전 동쪽 처마를
경유하는 것이 협소하기 때문에 근정전 중앙을 통과하
는 것으로 한 것이다. 근정전은 방전方塼으로 바닥을 마
감한 입식 공간이었으므로 신발을 신고 벗는 불편한 행
위가 일어나지는 않지만, 실내의 중앙을 통과하기 위해
서는 북벽 중앙부에 설치되는 어좌가 고정식이 될 수
없다는 문제를 야기한다. 처마 밑을 도는 방식이든, 중
앙을 통과하는 방식이든, 불가피한 불편함은 존재하고
있는 것이다.

이에 비해 창덕궁의 조참 동선은 한결 편리한 측면이
있다. 창덕궁에서는 임금이 선정전에서 차비하고 있다
가 인정문仁政門으로 나아가게 되는데, 경복궁과는 달리
편전과 정전이 병렬로 배치되어 있어 인정전을 통과하
는 동선이 생기지 않는다. 대신 인정전 마당을 비교적
편안하게 경유하여 인정문에 도달할 수 있다.

서울 창덕궁 인정전 신발을 신고 벗는 관습은 건물의 배치에도 영향을 준다. 창덕궁은 베이징 자금성이나 경복궁과 달리 여러 건물이 병렬로 배치되는 독특한 성격을 갖고 있는데, 이 역시 신발의 관습과 연관된다.

이러한 편리함은 비단 의식적 행위에만 해당되는 것이 아니다. 횡橫방향으로 병렬 배치된 전각들 사이를 이동하는 것은 항상 건물의 전면을 이용할 수 있다는 장점이 있다. 또한 건물 후면 마당의 의장적 부담이 줄어들기 때문에 굴뚝을 설치해야 하는 우리나라의 건축 관습에 비추어볼 때 건축계획상 고려할 점이 줄어든다는 점도 유리하다. 특히 진선문, 숙장문을 관통하는 횡 방향의 강력한 동선 축을 설정하고 이 동선의 북쪽으로 궐내각사, 정전, 편전, 침전 등 각각의 영역을 위치시킨 창덕궁의 배치법은 항상 전각의 정면을 위주로 동선을 활용할 수 있는 큰 장점을 갖고 있다.

조선 후기에 들어 영건된 경희궁, 덕수궁 등이 법궁 경복궁의 모델보다는 이궁 창덕궁의 모델을 선택하였던 것은 창덕궁식 병렬 배치가 좌식 생활에 비교적 편리한 측면이 있음을 경험적으로 터득하였기 때문으로 생각할 수 있다.

7 통과, 머무름, 누마루

고대의 사찰은 중국과 한반도가 큰 차이 없이 발전하
였다. 예를 들어 양진남북조 시기의 사찰 배치 형태의
하나로 일컬어지는 '당탑병립堂塔竝立' 유형은 승방으로
구성된 회랑이 주위를 둘러싸고 앞쪽에서부터 문, 불
당, 강당이 일렬로 배치되는 형태를 갖고 있다. 이는 부
여의 정림사지 등에서 볼 수 있는 소위 백제계 사찰 배
치법과 유사하다. 고대 사찰이 중문으로부터 탑, 금당,
강당으로 이어지는 직선의 축을 구성하는 형태를 갖고
있었던 것은 동북아시아 불사 건축의 보편성을 따르는
것이라 할 만하다. 하지만 산사 중심의 후대 사찰에서
는 이러한 구성이 잘 나타나지 않는다.

2018년 유네스코 세계유산으로 등재되기도 한 한국

의 산사는 주불전主佛殿까지의 진입 과정이 불교 수행을 상징하는 하나의 서사 구조를 가지고 있다고 해석된다. 일주문, 금강문, 천왕문, 누각, 주불전까지의 긴 여정은 마치 수행을 시작하여 점차 부처의 세계에 다가가는 일련의 과정과 흡사하다. 이 과정은 여러 경계의 '통과'로 이루어진다.

역시 매우 긴 진입 축을 가지고 있는 중국의 사례를 살펴보자. 허베이성 정딩正定의 융흥사隆興寺는 산문, 대각육사전, 마니전, 중문, 계단을 거쳐 자씨각, 전륜장전을 지나 불향각에서 정점을 이루고 이어 미타전 영역까지 하나의 긴 중축선을 구성하고 있다. 축선의 각 전각은 과정의 공간이라기보다는 각각 독립적인 불전으로 되어 있다.

융흥사 참배자는 가장 앞쪽의 불전에서부터 순차적으로 예배 행위를 진행하게 된다. 그 후 다음 불전으로 이동하기 위해 앞쪽 불전의 후면으로 나와 뒤쪽으로 나아간다. 이 점이 우리에게는 좀 낯선 측면이 있다. 한국 산지 사찰에서는 주불전에 이르기 전의 예배 공간은 주로 진입 축선의 좌우에 놓여 있다. 특히 주불전 앞 마당을 보면 진입 방향의 정면에 주불전이 있고 측면에 지장전 등의 부불전副佛殿이 놓이는 것이 보통이다.

대규모의 사찰이나 산속의 작은 사찰도 마당 주변의 구성은 유사하다. 고대 사찰들이 도시 속에서 회랑으로 둘러싼 별도의 성스러운 영역을 만들었던 방식은 산지에서 더 이상 유효하지 않게 되었다. 대신 골짜기를 따라 진입하는 과정은 이미 그 환경에 의해 속계와 분리되어 있으므로, 최종적인 마당도 주불전을 회랑으로 둘러싸는 대신 여러 건물로 마당을 위요圍繞하는 방식으로 발전한 것이다. 산지 사찰에서는 주불전 마당까지 진입하는 과정을 길게 구성하느냐 짧게 구성하느냐의 차이로부터 전체 사찰의 규모가 달라지는 경향이 있다. 경주의 불국사는 이와 다른 방식으로 구성되었다. 평지에서 발달한 회랑식 배치법에서 출발한 이 사찰은 관음전이나 비로전의 영역이 각각의 회랑으로 완결되면서 서로 붙어 있는 형식이다.

다시 중국 융흥사로 돌아가보자. 이 사찰의 동선은 기본적으로 이들 불전이 입식 공간이기 때문에 가능한 동선이다. 전후로 통과 동선을 갖는 불전은 정면뿐만 아니라 후면에도 작게 예배 공간을 만들어두었는데, 이는 융흥사만이 아니라 여타의 중국 사찰에서도 흔히 발견되는 바다.

경북 영주의 부석사도 긴 진입 동선을 따라 전각이 배열되어 있다는 점에서 융흥사와 비견될 만하다. 부석사의 진입 동선은 일주문, 천왕문, 범종각, 안양루를 거쳐 무량수전에 이르는 과정이다.

부석사의 동선이 융흥사와 다른 점은 동선을 구성하는 각각의 전각이 문이나 누각으로 한정되어 있다는 점이다. 즉 부석사 진입 동선의 각 건물은 모두 머무름보다 통과를 우선으로 두는 과정적 공간일 뿐이다. 그렇기에 신발을 벗고 실내로 들어가서 머무르는 행위를 유발하지 않으며, 입식의 통과 동선만 형성하면 된다. 이 동선은 주불전인 무량수전의 실내로 들어감으로써 종결된다. 무량수전의 예배를 마치면 들어갔던 문으로 다시 돌아 나오게 되며, 조사당, 응진전, 자인당 등의 부불전은 별도의 영역으로 이동해야 한다.

부석사를 비롯한 한국의 사찰들이 이렇게 불전을 관통하는 동선을 구성하되, 과정적 공간만으로 주불전에 이르러 동선이 종결되고 부불전은 주불전 마당에 좌우로 면하거나 혹은 별도의 마당을 좌우로 배치하여 진입하게 하는 것은 좌식 관습이 만들어낸 특징적인 양상이다. 신발을 신고 벗는 불편함이 건물 배치까지 영향을 미치고 있는 셈이다.

이러한 배치에서 좌식 관습과 관련되는 가장 특징적인 건축 형태는 누마루다. 사찰이나 서원, 향교 등 권위 건축의 전면에는 으레 누각을 두어 마당의 앞쪽을 위요하는 요소로 활용한다. 특히 소규모의 중정형 사찰에서 누각은 사찰의 정면을 구성하는 요소이자 마당의 전면을 감싸는 이중적 요소로 활용된다. 서원에서도 누각은 정면의 경계 요소이자 집회와 유식遊息의 공간으로 요긴하게 활용되었다. 이 경우 누각은 진입 동선의 일부를 누각 하부의 지면에 할애하고 상부에는 마루를 설치하여 기능 공간으로 사용하기에 적합한 건축 형태가 된다. 이를 누마루라고 부를 수 있다.

지형적 조건으로 누마루를 설치하지 않는 경우에도 종종 중정의 앞쪽에 강당형 전각을 배치하여 중정을 위요하는데, 이 경우의 중정으로의 진입 동선은 이 건물을 통과하는 것이 아니라 모퉁이를 돌아 들어가는 형태로 규정된다.

말하자면 전통적인 한국 사찰의 주불전 영역 진입 방

영주 부석사 안양루 신발을 신고 통과하려는 동선과 신발을 벗고 머무르고자 하는
공간이 중첩되면 누마루와 같은 건축 유형을 만들어낸다. 우리나라의 사찰이나
서원, 향교는 흔히 전면부에 누각을 두었다.

식으로 대분되는 소위 '누하진입樓下進入'과 '우각진입隅角進入'은 모두 좌식 관습이 야기하는 불가피한 형태라 할 수 있다.

3장

좌식 관습과 주택의 진화

1 좌식 기반의 한국 주택

조선 시대 이후 우리나라의 건축 공간은 건물에 들어설 때 신을 벗고 마루에 올라서는 것이 일반적이며, 그것이 현재 우리가 인식하고 있는 전통의 모습이다. 지면으로부터 기단에 올라서 신을 벗고 툇마루 혹은 직접 대청으로 올라서면 이후로는 신을 벗은 채 건축 공간을 자유롭게 활용할 수 있다. 다른 건물로 이동하기 위해서는 다시 원래 신을 벗어놓은 자리로 돌아와 신을 신고 마당을 가로질러 이동해야 한다.

이는 불편한 일이다. 신발을 신고 벗는 행위는 건축 공간의 경계를 형성하는 심리적 장벽 중 하나다. 이 불편함을 극복하는 것이 건축 발전의 중요한 동인이 된다고 할 수 있는데, 한국의 전통 주택은 건축물의 길이 방향 확장을 통해 이 문제를 해결하는 양상을 떠어왔다고 추측된다. 이 추측은 두 가지 비교를 통해 보다 구체화할 있다.

먼저 조선 시대 이전의 건축과의 비교다. 조선 이전의 주택 형태에 대해서는 명확히 알기 어렵지만, 신라 왕경王京의 주택지 발굴이나 고구려 고분벽화 등에 등장하는 주택이 별동으로 구분된 건축물 집합체였다는 점은 시사하는 바가 크다. 즉 마루와 온돌이 하나의 건축물에 통합되어 좌식 공간을 형성하기 전에는 여러 동의 독립건물이 있더라도 신발을 신고 건물을 이용하였을 것이기 때문에 건물 간의 이동에서 신발을 신고 벗는 행위가 존재하지 않았다.

그러던 것이 좌식 공간을 형성하면서 점차 건물을 좌우로 확장하여 하나의 건물에 여러 개의 방과 마루를 나열하는 방식으로 발전했다고 생각된다. 툇마루가 발달하는 것은 좌우로 길게 나열된 개별 실 사이를 편리하게 이동하기 위한 방편으로, 건물 밖으로 나갈 때에는 걸터앉아 신발을 신을 수 있는 장치가 되기도 한다.

또 하나는 중국, 일본 등 주변국 주택과의 비교다. 사합원으로 대표되는 베이징의 도시 주택은 별동의 건물을 중정 중심으로 전후좌우에 배치하여 하나 이상의 원院(마당)을 구성하는 식으로 발전하였다. 게다가 앞쪽 마당에서 안쪽의 마당으로 이동하기 위해서는 건물을 통과하는 동선을 구성하기도 한다. 이는 건물을 입식 공간으로 활용하는 중국 전통에 기인하는 바가 크다. 건물을 연결하였을 때 지붕의 '꺾음부'에서 발생하는 누수의 우려와 구조적인 번잡함을 피하여 간단한 구조로 마무리할 수 있는 직선형 건물을 여러 개 배열하는 것이다. 이렇게 하더라도 신발을 신고 벗는 행위가 필요 없다면 불편함을 크게 느끼지 않을 것이다. 이는 중국 건축에서 툇마루 같은 별도의 동선 공간이 발달하지 않았던 것과도 상통하는 특징이다.

일본의 주택은 우리와 같이 좌식 공간의 성격을 갖고 있다. 따라서 중국의 사합원식 구성은 일본 주택에 어울리지 않는다. 일본의 주택은 하나의 건물을 비교적 큰 규모로 만들고 각 공간을 실내 동선으로 연결시켜 한번 신발을 벗고 들어가면 대부분의 공간으로 이동할 수 있도록 발전되었다. 여기에는 일본의 근세 이후 목구조의 발전 양상이 영향을 주었다고 생각된다. 경량 목구조를 선택함으로써 규모가 큰 지붕을 짓는 것이 가능해졌기

안동 하회마을 충효당의 3차원 모델 신발을 벗고 실내 공간을 좌식으로 이용하는 관습은 집을 구성하는 각 부분이 연결될 것을 요구하였다. 꺾음부가 많은 우리나라의 한옥은 이런 좌식 관습에 적응한 결과다.

때문이다.

결국 조선 시대의 주택이 ㅡ 자, ㄱ 자, ㄷ 자, ㅁ 자 등의 평면 형상을 구성하면서 도리 방향으로 확장하는 것은 한국식 목구조 특성과 좌식 공간의 관습이 함께 작용하여 만들어낸 결과라 볼 수 있다. 하지만 ㅁ 자 주택 등 대규모 주택에서 모든 공간을 툇마루로 연결하지 않았던 것은 주택의 기능상 적절한 공간적 분리가 필요했기 때문이다. 특히 조선 중기의 주택은 남녀 내외의 유별이 중요하여, 남성적 공간인 사랑채와 여성의 안채가 하나의 구조체로 연결되어 있는 ㅁ 자 주택이라도 신발은 신고 벗는 지점을 두어 공간을 구분하는 것이 중요했다.

즉 외부 공간 사이의 연결과 내부 공간 사이의 연결은 신발을 신고 지나는 동선, 그러지 않는 동선으로 구분되어 있으며, 이 두 동선이 교차하는 경우 더 긴요한 연결이 필요한 것을 우선으로 선택한다는 특징이 있다.

이와 같이 좌식의 관습이 내포하고 있는 신발을 신고 벗는 문제는 조선 시대 주택이 그 이전 시대의 주택 건축, 혹은 다른 지역의 주택 건축과 구별되는 결정적인 요인이 되었을 것으로 생각된다. 그리고 이 시기 주택의 전통은 지금의 한국 주택에도 큰 영향을 미치고 있다고 볼 수 있다. 그렇다면 이러한 전통은 어떤 과정을 거쳐서 형성된 것일까?

2 이른 시기의 단서들

한국의 좌식 문화는 환경적 조건에 순응하여 단순하게 '선택'된 주거 전통이라고 하기엔 굉장한 수준의 건축술을 요구하는 것이다. 이는 쉽게 달성될 수 있는 것이 아니라 오랜 시간 동안 '발전'시켜야 하는 것이다. 지금 쉽게 '전통 한옥'이라고 부르는 주택 유형은 조선 중기 이후에 안착된 형태로 보는 것이 정설이다. 이보다 훨씬 앞선 시기의 주택들은 완형이 남아 있지는 않지만 문헌과 자료 발굴 등을 통해 그 면모를 짐작할 수 있다.

고대 한반도의 생활상은 흔적이 희미하지만, 고구려의 고분벽화는 상당히 많은 힌트를 남겨두었다. 고대인들은 사후에도 영혼이 존재한다고 믿었고 무덤은 사후 세계의 생활공간으로 여겼다. 무덤의 구조나 벽화에 그려진 생활상은 당시의 살아 있는 사람들의 생활을 반영한다고 할 수 있다. 다만, 이로부터 알 수 있는 생활상은 상류층에 국한된 모습일 뿐 모든 계층이 이러한 생활을 영위했다고 단정하지 않도록 주의해야 한다.

안악3호분의 서쪽 곁방 정면에 그려진 벽화에는 집 주인인 것으로 보이는 남성이 평상에 좌식으로 앉아 있고 휘장으로 주위를 감싼 형태가 보인다. 남쪽 벽면에는 여성이 앉아 있는 모습이 묘사되었다. 동쪽 곁방에 그려진 생활 시설을 보면 부엌을 별도의 건물에 설치하여 입식으로 사용했던 것을 확인할 수 있다. 덕흥리 고분 벽화에도 묘주가 좌식으로 앉아 있고 주위의 시중을 받는 모습을 볼 수 있다. 쌍영총에는 부부로 보이는 한 쌍의 남녀가 평상 위에 좌식으로 앉아 있는 모습이 뚜렷하다. 이 평상은 공포栱包로 장식된 건물 내부에 놓여 있으며, 평상 아래에는 신발을 가지런히 벗어둔 것이 확인된다. 이 벽화들을 통해 고구려의 상류층은 실내 공간에 평상을 설치하고 그 위에 신발을 벗고 올라앉아 생활했던 것으로 볼 수 있다. 이 경우 실내 전체를 좌식으로 구성한 것으로 보기는 어렵고 일단 신발을 신고 실내로 들어와 평상에 오를 때 신발을 벗었던 것으로 보는 것

안악3호분과 쌍영총 벽화 모사도(한성백제박물관 소장) 한
반도의 주택들이 처음부터 완전한 좌식으로 만들어진 것
은 아니다. 전체에 바닥 난방을 하는 좌식 공간은 오랜 시
간에 걸쳐 발전시킨, 누적의 산물이다.

이 맞다.

무용총의 벽화에는 '접객도接客圖'로 불리는 그림이 있다. 음식을 차려둔 상과 여러 남성 상류층의 식사를 시중드는 사람들이 작게 그려진 것으로 보아 접객의 모습을 묘사한 것으로 이해된다. 이 그림에서 사람들은 모두 신발을 신고 있으며 등받이가 없는 의자 혹은 작은 평상에 걸터앉아 있다. 발은 의자 아래 바닥에 그대로 두어 지금 의자에 앉는 모습과 별반 다르지 않다. 음식이 올라 있는 상은 작게 그려져 있어 실제 상의 높이를 가늠하기는 어려우나, 상다리가 긴 것으로 보아 입식의 식탁 문화가 있었다고 볼 수 있다.

쌍영총의 평상에 앉은 묘주들의 모습과 무용총의 입식 식탁은 대비되는 모습이다. 좌식과 입식이 공존하는 생활의 모습이라 할 수 있다. 어느 지점에서 이 두 방식의 접점이 생겼는지 그림만으로는 알 수 없다. 각저총의 장면은 좀 더 힌트가 되는데, 휘장으로 둘러싸인 큰 방에 묘주로 보이는 상류층 남성과 두 여성이 함께 앉아 있는 모습이다. 남성은 평상에 걸터앉아 있고 두 여성은 방석 위에 무릎을 꿇고 남성 쪽을 비스듬히 향해 앉아 있다. 이 모습이 실제 공간에 가까운 것이라면, 하나의 공간 내에서 좌식과 입식이 공존하고 있었던 것으로 파악되며, 공간 사용에 남녀 구분이 있었을 가능성도 있다. 다만 그림상으로는 남성의 발이 놓인 바닥과 여성들이 앉은 방석이 같은 높이로 그려져 있어서 이 공간의 구성이 구체적으로 어떠했는지는 분명하지 않다.

가옥 전체의 구성에 대해 확신할 수는 없지만, 적어도 고구려 상류층에게 특정한 행위와 공간에서는 신발을 벗고 앉는 좌식 문화가 존재하고 있었음은 분명하다. 집은 일정 수준으로 발전된 목구조로 뼈대를 형성하였고 휘장으로 실내를 장식하는 수법이 사용되었다. 특히 높은 신분의 사람들은 휘장으로 장식된 자리에 앉는 모습이 눈에 띈다. 신발을 벗고 앉는 평상이라 할지라도 별도의 바닥 난방 시설을 했던 것으로 보이지는 않는다. 반면 방석을 깔고 앉은 여성들의 자리에는 난방시설이 있었을 가능성이 있지만 이 역시 벽화만으로는 명확하지 않다. 부엌은 별도의 공간에 입식으로 조성되어 있었다. 바닥의 높이는 건물 밖의 지면과 동일한 것으로 보인다. 접객을 위한 공간은 등받이 없는 의자를 이용하여 바닥에 신발을 신은 발을 놓고 걸터앉았다.

바닥면 구성에 대한 단서는 발굴 유적에서 찾을 수

있다. 현재 중국 지린성 지안集安에 있는 동대자東臺子 유적이 대표적인 예다. 주변으로 회랑을 돌린 정옥正屋과 편방偏房으로 구성되어 있는데, 정옥 두 칸 사이에는 좁은 통로가 있다. 정옥의 실에서는 초석과 함께 아궁이, 구들, 연도, 굴뚝 등의 난방 및 취사 시설이 확인되었다. ㄱ 자형으로 만들어진 구들은 장방형 평면의 두 면을 따라가며 좁게 구성되었다. 아궁이는 실내에 위치하였고, 굴뚝은 바깥에 두었다. 이 유적은 크기가 크고 회랑이 있어서 주택 유적인지는 확실치 않지만, 실내의 부분에 구들을 설치하는 방식이 존재했음은 확인된다. 옛 평안북도 강계(지금의 자강도 시중) 노남리 유적이나 평안남도 북창 대평리 유적은 이보다 규모도 작고 구성상 민간의 주택으로 알려져 있는데, 여기에도 동대자 유적과 유사한 ㄱ 자형 온돌 유구遺構가 확인되었다. 중부 지역에서도 몽촌토성, 부소산성 등지의 건물지 유적에서 구들이 발견된 바 있다.

이러한 예로 볼 때, 고대사회에서부터 구들을 이용한 바닥 난방이 존재했음은 명확하다. 또한 이 구들은 방 전체가 아니라 일부에 한해서 시설된 것이 확인된다. 고구려 고분벽화에 등장하는 입식과 좌식의 혼용은 아마도 실제 주거에도 유사하게 적용되었을 것으로 짐작할 수 있다.

한편, 신라 고분에서 출토된 토기들 중에는 '가형家形' 토기가 있다. 대개 장방형 평면에 지붕을 얹은 형태로, 이러한 모습은 고구려 고분벽화와 주거지 발굴 유적에서도 확인된다. 즉, 이 시기의 집들은 안동 하회마을 등에서 흔히 보이는 꺾음이 있는 집이라기보다는 장방형의 단순한 형태의 건물이 단독으로 혹은 집합으로 구성된 형태였을 것으로 보는 것이 옳다. 꺾음집이 등장하는 것은 훨씬 복잡한 단계를 거친 이후의 일이다.

3 온돌과 마루의 발달

　다른 무엇보다도 한국 주택의 특징은 온돌과 마루의
결합이다. 난방을 위해 불을 사용하는 온돌과, 불에 약
한 나무로 만드는 마루를 결합하여 하나의 주택 형식
으로 발전시킨 것은 독특한 문화임에 틀림없다. 온돌
은 원시 주거의 실내에서 단순히 불을 피웠던 것에서
부터 발전하여 점차 열기가 지나는 고래의 길이를 늘
이면서 바닥 난방의 면적을 확대해갔다. 굴뚝과 아궁
이가 실내에서 밖으로 이동하면서 보다 높은 수준의
쾌적함을 제공하는 난방 시스템을 갖추게 되었으며,
방 전체에 온돌 고래를 고르게 분포시킴으로써 한국의
온돌 난방은 완성되었다. 대체로 고려 시대에 방 전체
에 고래를 설치하는 난방 방식이 확립되었고, 조선 시

대에 이르러 전국적으로 온돌이 보편화된 것으로 보고 있다. 경기도 양주 회암사지의 전면 온돌 유구, 아궁이가 방 바깥에 있는 상황을 묘사한 『보한집補閑集』의 기록, 그리고 조선 시대의 여러 발굴 유적 등에서 이러한 사실을 확인할 수 있다.

굴뚝과 아궁이, 그리고 고래는 온돌을 구성하는 필수적인 요소이다. 불을 피우는 아궁이와 연기를 배출하는 굴뚝이 실외로 옮겨진 것은 획기적인 변화였다. 실내는 재와 연기로부터 자유로워졌다. 이는 현대식 온돌 난방에 있어서도 유지되고 있는 방식이다. 대신, 난방을 하는 공간 바깥에 이 두 요소가 배치되어야 한다는 것은 집 전체의 구성에 영향을 주었다. 안방 바로 옆에 아궁이를 설치하고 이 공간을 부엌으로 활용하는 것은 난방 방식이 만들어낸 조합이라 할 수 있다. 방의 바닥보다 낮은 높이에 설치되는 아궁이를 고려하여 부엌은 기단 없이 지면 바로 위에 만들었다. 이러한 점은 사실 공간을 이용하는 데 불편함을 야기하였다. 부엌과 식당이 붙어 있지 않기 때문에 부엌에서 장만된 음식은 식사를 하는 대청이나 방으로 옮겨야 했고 그 과정에서 서로 다른 높이의 단을 오르내려야 했을 뿐만 아니라 신

서울 경복궁 향원정 온돌 발굴 온돌도 시대에 따라 변해왔다. 향원정의 환형 온돌
유구는 아직 그 정체가 다 파악되지는 않았지만 전통 방식의 온돌이 최근까지도
지속적으로 발전, 개변되어왔음을 보여준다.

발도 벗어야 하는 번거로움이 있었다. 요즘 오래된 한옥을 개수할 때 가장 먼저 '입식 부엌'을 요구하는 것은 다른 이유가 아니다. 초창기의 아파트에서도 이 문제는 해결되지 않았었다. 연탄아궁이를 사용하던 시기의 아파트에서는 아궁이가 있는 곳과 거주 공간의 높이가 달랐고 신발을 신고 벗어야 했다. 기름이나 가스, 혹은 전기를 사용하는 보일러가 도입되고 나서야 난방을 위한 아궁이가 사라지게 되어 집이 평탄화될 수 있었다. 이렇게 복잡한 건축계획을 수반하는 온돌 난방은, 간단하게 화로를 놓거나 부분적으로만 온돌을 설치하는 방식과는 다른, 우리의 특별한 방식이다.

온돌이 보다 추운 기후대인 한반도 북부 지방으로부터 남쪽으로 전파된 시설이라면, 마루는 보다 덥고 습한 지역에서 발전한 형식으로 알려져 있다. 지면의 열기나 습기, 벌레 등으로부터 거주 공간을 격리하는 방식인 소위 '고상식高床式'에서 유래되었다고 보는 것이다. 반면 마루라는 어휘를 북방 계통에서 유래된 것으로 보는 견해도 있다. 북방의 퉁구스어 중에 마루와 유사한 발음을 갖고 있는 단어가 높은 사람의 자리라는 뜻을 가지고 있다는 점, 실제로 한옥의 마루가 방에 비해 제사 등을 담당하는 상위 위계를 가진 의식 공간이라는 점, 그리고 지면 가까이 낮게 설치된 마루의 흔적이 존재한다는 점이 그 근거다. 어느 것이 유래든 간에, 고구려의 '부경 桴京'이라는 고상식 창고, 고분벽화의 가옥 묘사, 고상식 가옥의 모습으로 만들어진 토기 등은 한반도에 일찍부터 고상식의 마루 형태가 존재했음을 알려준다.

한옥에서 마루는 겨울보다는 여름에 최적화된 공간이다. 별도의 냉방 시설이 없던 시절에 대청마루는 높은 천장과 두꺼운 지붕이 만들어내는 청량한 공기를 담는 동시에, 개방적인 입면으로 충분한 환기가 가능한 공간이었다. 또한 생활과 의식의 측면에서 볼 때, 방에 비해 마루는 입식으로 공간을 사용하는 데 보다 적합하다. 경북 지역에 집중적으로 남아 있는 종택의 제사를 살펴보면, 제사 의식에 가장 빈번하게 사용되는 단위 공간이 대청마루라는 것을 알 수 있다. 제사 의식은 기본적으로 제관들이 서 있는 상태에서 진행된다. 주택의 대청마루에 천장 반자를 설치하지 않고 서까래를 노출시켜 높은 공간감을 만드는 것도 이와 관계되는 것이다. 반자를 설치하여 화려하게 장식하는 입식 공간은 궁궐, 불전 등으로 건물의 높이가 주택에 비해 훨씬 높은 것들이다.

다만, 온돌방에서는 신발을 신고 있는 경우가 없지만, 마루가 깔려 있다고 해서 항상 신발을 벗고 공간을 사용한 것은 아니었던 것으로 보인다. 특히 공식적인 의식이 마루 위에서 진행되는 경우에는 신발을 신고 마루에 올랐던 것으로 추측되는 사례가 많다. 아마도 의식을 위해 의관을 갖추는 것에는 의복, 모자와 더불어 신발도 포함되기 때문일 것이다. 서원이나 향교의 사당, 불전 등의 예배 공간은 궁궐의 정전과 마찬가지로 전돌 등을 사용해 입식 공간으로 마감되어 있었다. 이러한 공간에서는 신발을 신는 것이 합리적이다. 시간이 흐르면서 이러한 공간에도 마루를 놓아 사용하는 예가 늘었지만, 의식의 형식이 바로 바뀌었을 것으로 보기는 어렵다. 점차로 의식 공간에 마루가 확산되면서 이러한 공간에 들어가기 전에 신발을 벗는 방식으로 의식 형태가 변경되었을 것으로 보인다.

그러한 과정을 거쳐 온돌방과 마루 모두에서 신발을 벗고 공간을 사용하는 방식이 점차 확립되어갔다. 이는 집 전체의 구성에도 영향을 미쳤다. 신발을 벗는 지점이 바뀐다는 것은 지면과 실내의 높이 차이를 어느 지점에서 경계 짓는가와 연관되기 때문이다.

4 집의 높이

온돌방과 마루가 모두 신발을 벗고 사용하는 공간이라면, 이 두 공간에는 굳이 높이 차이를 둘 필요가 없다. 바닥으로부터 일정한 높이에 위치한 마루와, 바닥 아래 지면 가까이 설치되는 온돌 시설, 이 각각의 요소를 하나의 면으로 높이를 일치시키면서 비로소 한옥이 지금의 모습에 가까워졌다.

면적이 좁은 방을 필요에 따라 대청까지 확장될 수 있도록 문의 형태를 결정할 수도 있었다. 들문으로 불리는 한국식의 창호는 벽면을 완전히 개방하면서도 열려 있는 문에 의해 방해받지 않도록 고안된 것이다. 4짝으로 된 문이라면 2짝씩 겹쳐 접어서 위로 들어 올려 걸어 놓으면 되었다. 경첩을 문짝의 옆에 붙이고 윗면에도 사용함으로써 가능했다. 경첩을 사용하여 여닫이로 문을 만드는 우리 식과는 달리 일본의 옛 주택들은 주로 미닫이문을 사용하였다. 창호지만을 바르거나, 두터운 면에 화려한 그림을 그리는 방식으로 사용된 일본 주택의 미닫이문은 한옥의 여닫이문보다 크기가 컸다. 이는 곧게 자라는 일본 목재의 성질상 문을 얇게 만들 수 있었기 때문이다. 휘는 성질을 가진 목재로 만든 문은 문틀의 두께가 두꺼워 너무 무거워지기 때문에 문의 크기를 키우기가 어렵다. 일본 주택에서 미닫이 창호만으로 구성된 면을 완전히 개방하기 위해서는 문짝을 떼어 별도로 보관하지 않으면 안 되었기에, 주택 정면의 한쪽에 떼어낸 문짝을 수납할 수 있는 장치를 설치하는 것을 볼 수 있다.

방과 마루의 높이를 일치시키기 위해서는 온돌 시설과 마루의 성격을 고려해 적절한 높이를 찾을 필요가 있었다. 또한 신발을 벗고 올라서기 용이한 동시에 마루나 방에 앉아 있을 때 적절한 시야를 확보할 수 있으면서 지면의 먼지 등으로부터 실내 공간을 격리시킬 수 있는 높이를 요구하였다. 차이는 있지만 대개의 한옥 실내 바닥의 높이가 댓돌을 한 번 딛고 오를 수 있는, 툇마루에 걸터앉았을 때 보통의 의자보다 약간 높은 정도의 높이로 결정되는 것은 이 경계부에 대한 이러한 다양한 요구와 관련될 것이다.

　때로는 이보다 훨씬 높은 면에 바닥이 구성되기도 한다. 보물로 지정되어 있는 경북 상주의 양진당養眞堂은 문신 조정趙挺이 1626년 안동 임하의 집을 옮겨 지은 것인데, 지면으로부터 1미터 이상 높여 바닥을 구성하였다. 이 경우 툇마루와 마당은 직접 연결되지 못하고 별도의 계단을 통해 오르게 된다. 툇마루는 복도의 기능만을 수용하고 있다. 이렇게 높은 집은 궁궐에도 존재한다. 창덕궁의 희정당熙政堂이 대표적인데, 희정당의 전면에는 건물로 오르기 위한 나무 계단이 매 칸마다 설치되어 있었던 것을 '동궐도東闕圖'에서 확인할 수 있다. 지금의 모습은 이와 다르다.

　한옥의 방과 대청마루의 바닥 높이가 같게 설정되어 평탄한 면을 이루게 되더라도 이와 다른 높이를 갖는 부분들이 존재한다. ㄱ자, ㄷ자, ㅁ자 등의 꺾음집에서는 지붕의 위계를 설정하는 방식에 따라 각 부의 기단 높이를 달리하여 집을 구성하는 예가 많다. 특히 안채 대청과 안방이 있는 부분은 폭이 넓은 형태로 구성되고 그에 직각으로 연이어 나오는 익랑翼廊 부분은 이보다 좁은 평면이 되는 경우에 같은 경사의 지붕을 설치한다면 지붕의 높이가 달라질 수밖에 없는데, 이 차이에 더하여 기단을 조절함으로써 때로는 특정 부분에서 1.5배 정도의 높이를 만들어낼 수도 있다. 약간의 높이가 더 있다면 다락 등을 상부에 구성할 수 있는 높이이다. 부엌은 그 약간의 높이를 더 만들어낼 수 있는 부분이다. 아궁이를 두는 부엌은 방의 바닥보다 낮게, 보통 지면과 같은 높이에 맨바닥으로 설치되기 때문에 기단의 높이에 실내 공간까지의 높이 차이만큼의 여유 높이가 확보된다. 안방과 붙어 있는 부엌의 상부에 다락을 설치하는 사례가 많은 것은 이러한 건축 구성의 특징을 활용한 것이다.

한편, 방과 대청의 바닥 높이보다 더 높게 면을 구성하는 공간도 존재한다. 모든 집에 존재하는 것은 아니지만, 누마루로 불리는 조금 높은 마루이다. 병산서원 만대루 같은 독립된 누마루를 축소하여 주택의 사랑채나 안채의 한 칸을 높여 만든 것이다. 조선 시대, 많은 사람들의 주택 로망 중 하나는 정자를 갖는 것이었다. 전남 담양의 소쇄원은 특별히 계획된 조선 시대의 드문 정원으로서 광풍각, 제월당 등의 건축물을 지어 경치를 감상하고 유유자적하는 삶을 추구하였다. 따로 부지를 확보하지 않더라도 집 주변의 산이나 계곡을 이용하여 정자를 짓고 자신의 이상적 정원을 조성하기도 하였지만 누구나 이런 행위가 가능한 것은 아니었다. 건넌방 앞의 마루를 조금 키우고 높이를 높게 만들면 부족하나마 집의 일부에 정자 같은 공간을 꾸릴 수 있는데, 이것 또한 누마루라고 부른다. 이런 마루는 주변을 감상하는 데 초점을 두기 때문에 더 높은 지대에서 시야를 만들어낸다. 높이가 높아진 만큼 지면에서 바로 진입하는 예는 드물고 누마루 주변에 화려한 난간을 설치하여 장식적인 효과를 누렸다.

한옥에는 2층 이상의 주택이 드물다. 이는 다분히 온돌을 2층 이상 설치하기가 쉽지 않기 때문이다. 사례가 없는 것은 아니다. 경북 상주의 옥동서원이나 경주의 옥산서원, 충북 옥천향교의 누각에는 2층 높이에 놓인 대청 양쪽에 온돌을 설치하였다. 온돌방의 아래를 벽으로 막아 높은 아궁이를 설치하는 것이 보통의 방법이고, 옥천향교의 경우에는 2층 바닥 아래에 아궁이와 고래를 매달아 설치하였다. 하지만 이러한 집들은 온돌방 아래

경북 상주 대산루 집의 바닥면의 높이는 그 공간을 어떻게 쓰고자 했는가에 달려 있다. 마당과의 관계를 더 중시할 것인가, 외부로 멀리 조망을 확보할 것인가.

공간을 아궁이 이외의 용도로 사용하지는 않는다. 즉, 온돌을 사용하는 한옥은 단층에 최적화된 집이다. 온돌이 보편화되기 전에는 '층루' 등으로 불리는 2층 규모의 집이 꽤 많았던 것으로 알려져 있다.

그러다보니 한옥에서는 실내 공간을 연결시키는 계단을 발견하기가 쉽지 않다. 대개 경사가 심해서 편안하게 오르내릴 수 있는 계단이 아니다. 덕수궁의 석어당은 궁궐 전각임에도 계단은 옹색하다. 인상적인 계단 중에는 경북 상주의 대산루를 꼽을 수 있다. 이 정자는 丁 자형의 건물로, 2층과 1층의 一 자 건물이 붙어 있는 모습인데, 1층부의 툇마루에서 2층 마루로 올라가는 돌계단을 두었다. 또 경북 안동의 의성 김씨 종택 남사랑채 뒤편 행각에도 실내 계단이 주목된다. 건물 동편의 마당에서 마루에 올라 바로 계단으로 2층 복도로 올라가는 구조이다.

2층 이상의 한옥이 적기 때문에, 요즘 신축 한옥에서 2층으로 설계할 때 적절한 비례와 미감을 찾아내기가 쉽지 않다. 또 2층에 누마루를 두더라도 현행 건축법 때문에 난간의 높이를 1.2미터 이상으로 설치하면서 생기는 시각적 불편함도 있다.

5 툇마루와 지붕 구조

온돌과 마루의 높이가 같아지면서 집은 더욱 확장성
을 갖게 되었다. 방과 마루를 연이어 계속 붙여가면서
필요한 만큼의 공간을 확보하였다. 이 확장의 방식은 집
을 옆으로 길게 만드는 것이었다. 여기에는 구조의 문제
가 있다. 앞뒤로 확장하는 것은 집의 두께를 키우게 되
고 이는 지붕 역시 키우는 방식이다. 왜냐하면 앞뒤로
경사를 갖고 있는 지붕은 집이 두꺼워질수록 지붕을 이
루는 삼각형의 각 변이 함께 커지기 때문이다. 만약 지
붕의 구조가 가볍다면 이 방식도 택할 수 있겠지만, 한
옥의 지붕은 무거운 편이고 대들보를 사용하는 이상 집
의 두께만큼 보의 크기도 커지게 되어 집 전체가 상당
히 무거워진다. 이는 구조적인 부담일 뿐만 아니라 집을

짓는 비용도 크게 올리는 불합리한 선택이다. 그래서 한옥의 공간 확장은 주로 옆으로 길게 붙어나가게 된다.

문제는 이들 사이의 통행이다. 신을 신고 사용하는 공간이라면 건물의 바깥에서 동선을 처리할 수 있으므로 별도의 동선을 고려할 필요가 없다. 비를 맞는 것이 부담이라면 처마를 좀 더 깊게 내기만 하여도 해결되는 문제다. 하지만 신발을 벗고 사용하는 경우는 다르다. 집 밖에는 이동할 수 있는 넓은 공간이 있음에도 불구하고 신을 신었다가 다시 벗고 들어가야 하는 번거로운 행위가 개입되기 때문이다. 그래서 처마 아래에 별도의 다듬어진 통로를 만들어야 하는데, 이것이 툇마루이다. 명확히 말하자면, 툇마루는 퇴칸에 놓인 마루만을 지칭한다. 퇴칸은 집의 몸체 바깥쪽으로 약 반 칸 정도의 깊이로 덧붙인 칸이다.

툇마루는 여러 용도로 사용된다. 좌우로는 복도의 역할을 하고, 안팎으로는 현관의 역할도 담당한다. 한옥에는 정해진 현관이 있는 것이 아니라서 외기와 면한 대부분의 지점에서 실내로 들어갈 수 있는데, 툇마루는 내외부의 완충적 공간을 제공함으로써 가장 무난한 출입 위치가 되곤 한다. 때로는 발코니로서 여기에 앉아 밖을 조망하기도 하고, 때로는 입면立面을 장식하는 요소로서 화려한 난간 장식이 붙기도 한다. 툇마루는 전면이 개방된 대청마루와 함께 한옥의 입면을 입체적으로 만든다. 한옥의 뚜렷한 특징이자 다양한 용도로 사용되는 복합적인 요소이다.

처음에 전면부에서 발달하기 시작한 툇마루는 점차로 집의 측면이나 후면에까지 붙어가는 경향을 보인다. 궁궐의 내전 전각들에는 툇마루 바깥으로 가퇴假退라고 부르는 덧붙여 달아낸 보조 공간을 놓기도 한다. 이렇게 전후좌우로 툇마루를 붙이면서 집은 점차로 두꺼워지는 경향을 보인다. 대청의 앞뒤로 툇마루를 붙이게 되면 전체적으로 2칸의 깊이를 형성하게 되는데, 이 폭은 대청 좌우에 2열의 방을 붙일 수 있는 여건을 형성한다. 이렇게 집의 두께가 두꺼워지면서 2열의 단위 공간이 앞뒤로 중첩되는 형태를 겹집이라고 부른다. 연구에 따르면 이러한 현상은 18세기 말에서 19세기에 이르러 전면적으로 등장한 것으로 보고 있다.

그런데 이렇게 툇마루를 두고 그 안쪽으로 방을 붙이기 위해서는 이 두 공간을 구분하기 위한 벽을 설치해야 하며, 이는 기둥 열의 위치와 연관된다. 기둥은 그 높

경남 함양 허삼둘 가옥 툇마루는 한옥의 중요한 특징이다. 방들 사이의 통행 동선
으로, 집 안팎의 완충 공간으로, 입면의 장식이나 깊이감을 주는 요소로, 다양한
쓰임새를 갖고 있다. 허삼둘 가옥의 마당쪽 꺾음부는 신발을 신은 채로 부엌으로
들어가는 동선과 신발을 벗고 좌우로 통행하는 동선을 겹치는 독특한 해법을 추구
하였다.

이에 따라 평주平柱와 고주高柱로 나눌 수 있다. 툇마루와 방 사이에 놓이는 기둥은 평주일 수도, 고주일 수도 있는데, 이는 집 전체의 구조와 관련된다. 예를 들어 툇마루 앞쪽 기둥에서 가장 뒤편의 기둥까지 하나의 대들보를 걸쳐 상부의 지붕 하중을 받도록 한다면, 이 자리의 기둥은 단순히 툇마루와 방을 구분하는 벽을 설치하기 위한 보조적인 기둥으로서 평주를 사용한다. 반면 퇴칸을 제외한 몸체 부분에만 대들보를 걸고 퇴칸에는 툇보라고 하는 별도의 작은 보를 걸어 하중을 분산시킬 수 있는데, 이 경우에는 고주를 사용한다. 전자는 구조 개념적으로는 간단하지만 대들보가 담당해야 하는 하중이 커서 보가 매우 커지게 되며, 집의 천장이 전체적으로 낮아지는 경향이 있다. 후자는 몸체부의 천장을 훨씬 높일 수 있고 보의 하중과 규모도 줄일 수 있어 훨씬 자주 사용되는 방식이다.

지붕의 서까래를 고정하면서 상부의 하중을 보에 연결해주는 수평재를 '도리'라고 부른다. 도리의 개수는 집의 깊이와 연관되며 구조적인 얼개를 알려주는 지표이기 때문에, 몇 개의 도리가 사용되었는지에 따라 삼량가, 오량가 등으로 부르는데, 고주를 사용하는 방식으로 툇마루를 형성하기 위해서는 기본적으로 오량가 이상이 되어야 한다. 삼량가에서는 전자의 방식이 합리적이다. 또한, 지붕의 형태를 팔작지붕으로 하기 위해서는 삼량가보다는 오량가가 구조적으로 합리적이다. 그래서 웬만큼 규모가 있는 집에서는 오량가를 선택하는 비율이 높다.

오량가를 기준으로 할 때 후자에 사용된 고주는 평주보다 더 높이 올라가서 지붕의 중도리를 받는 위치까지 연결된다. 즉, 툇마루의 깊이는 고주의 위치, 중도리의 위치까지 함께 연동되는 중요한 변수인 것이다. 한편 툇마루의 깊이는 처마의 내민 깊이와도 간접적으로 관련된다. 오량가에서는 중도리를 기준으로 위로 짧은 서까래, 아래로 긴 서까래를 놓는다. 즉 긴 서까래는 중도리에서 건물 전면 기둥 상부에 놓은 주심도리를 거쳐 처마가 내밀어진 끝단까지 연장되는 부재인데, 처마 끝에서는 서까래를 받는 부재가 없기 때문에 툇마루의 폭, 즉 중도리에서 주심도리까지의 길이보다 처마의 내민 길이는 짧은 것이 구조적으로 안정된다.

조금 복잡한 설명을 간단하게 요약하자면, 툇마루의 깊이는 통로로서의 적절한 폭 이상이 될 것, 구조적 안정을 위해 처마내밀기보다 길 것, 그리고 집 전체로 보아 툇마루가 너무 깊어서 방의 크기가 줄어들지 않도록 할 것 등 여러 요건들이 복합적으로 얽혀 있다. 만약 신발을 벗고 좌식으로 사용하는 공간 관습이 있지 않았다면 이러한 문제는 부각되지 않았을 것이다. 툇마루와 그에 얽힌 구조, 평면 구성의 모든 문제는 '좌식'이라는 키워드와 밀접하게 연관되어 있다는 것, 그리고 이 점이 한옥에 건축적 치밀함을 요구하면서 발전해왔다는 점을 강조하고 싶다.

6 꺾음집과 안마당

한옥은 옆으로 길어지는 확장 방향성을 갖고 있다. 구조의 편의 외에도 이러한 방식은 남향의 밝은 빛을 집 안으로 끌어들이기에도 좋고 정면에서 보이는 집의 외관을 보다 크게 보이게 할 수 있기도 하다. 정면을 길게 만듦으로써 위엄을 표현하는 방식은 가옥뿐만 아니라 문중의 재실 등에서도 발견되는 전략이다. 또 다른 전략으로는 높고 웅장한 지붕을 구성하는 것이다. 다만 건물의 종縱방향 깊이를 키우는 것은 역시 구조적인 부담이 크기 때문에 안채와 사랑채 등의 부분에서 기단과 기둥을 높여 집 전체를 입체적이면서도 규모 있게 보이게 하는 방법이 종종 활용된다. 안동 하회마을의 충효당이나 양진당, 혹은 북촌댁 등을 보면 안채의 지붕이 거의 2층 높이에 이를 정도로 높게 설정되어 있는 것을 볼 수 있다. 수직적으로 남는 상부의 공간은 종종 다락으로 사용된다.

하지만 건물을 길게 만드는 것도, 높이를 높이는 것도 한계가 있다. 집의 길이는 집을 짓는 땅의 크기에 제한을 받는다. 중국 베이징의 사합원 주택처럼 장방형의 집을 가로세로로 늘어놓아 하나의 집을 구성할 수도 있겠지만, 한옥은 독립된 '채'보다는 연속된 형태로 발전하였다. 대청을 남쪽으로 향하고 안방에 연이은 부엌과 방이 있는 서익랑 부분을 만들어 ㄱ 자형으로 집을 형성하는 것은 가장 흔하게 볼 수 있는 꺾음집의 유형이다. 마당을 거쳐 들어오는 남쪽과 동쪽의 빛을 가장 잘 받을 수 있는 방식으로 배치되는 것이다. 꺾음부에 위치하는 안방이 집의 중심이 되어, 한쪽으로는 대청을, 다른 한쪽으로는 부엌을 두고 그 너머로 각각 방을 하나씩 더 붙이기도 한다. 한번 신발을 벗고 오르면 안방과 대청, 건넌방 등을 이동할 수 있으며, 그 사이에 툇마루가 동선의 역할을 한다. 부엌 너머에 방을 하나 더 두었다면, 그 방만 별도로 신발을 신고 벗는 것이 요구된다.

ㄱ 자보다 더 큰 공간이 필요하다면, 서익랑의 반대

편에 동익랑을 두어 대칭으로 ㄷ 자를 구성하는 방법이 선택된다. 혹은 서익랑 남단에서 다시 꺾어서 남행랑을 만들 수도 있다. 더욱 긴 공간은 아예 중정을 둘러싸는 ㅁ 자형의 배치를 이루는 것이다. 물론 더 확장하여 ㅁ 자의 남행랑이 좌우로 확장된 소위 날개집이나, 동서 익랑을 후면으로 확장하여 ㅂ 자형으로 집을 만들 수도 있으며, ㅁ 자를 겹치거나 연장하여 집을 확장할 수 있는 방법은 많다.

그런데, ㄱ 자형, ㄷ 자형으로 집을 구성하거나, ㅁ 자의 일부가 트여 있어서 바깥에서 중정부를 거쳐 집으로 들어가는 동선이 적절하게 구성되지 않고, 완전히 ㅁ 자로 집을 만들어서 모든 공간을 신발을 벗고 연속적으로 이용하게 할 수 있을까? 만약 이렇게 한다면 집의 어디라도 신발을 신고 벗는 번거로움이 없이 편리하게 이용할 수 있을 것이다. 하지만 이래서는 외부에서 신발을 신은 채로 중정까지 도달할 수 있는 방법이 없다. 그래서 전통 방식의 한옥에서 완결된 ㅁ 자형 실내 공간을 구성하는 것은 불가능에 가깝다. 중문칸으로 부르는, 중정으로 들어오는 정식의 문간, 이미 신발을 신고 이용하는 부엌, 통내칸 등을 이용한 통행로는 중정을 거쳐 실

충남 홍성 노은리 고택 꺾음집은 좌식의 생활 관습과 한식 목구조의 특성, 그리고 집터의 환경에 의해 선택되어 발전해온 우리나라 집의 특징이다. 중층으로 건물을 구성한다면 완전히 연결된 ㅁ 자의 공간을 만들 수도 있다.

내로 진입하는 방식과 완결된 실내 공간의 욕구가 타협하는 지점들이다.

이런 단절된 지점은 안채 영역, 사랑채 영역, 기타 영역 등으로 가옥의 기능을 구분하는 곳에 설치된다. 만약, 단절 없는 완결된 ㅁ 자형의 실내와 중정을 통한 동선을 모두 충족하려면, 경사지를 이용하여 ㅁ 자의 공간 일부를 2층에 있는 것처럼 구성할 수밖에 없을 것이다. 실제로, 서지재사, 남흥재사 등 경상북도 북부 지역에 있는 ㅁ 자형 소규모 재사 건축 중에는 이러한 중층형의 ㅁ 자 완결 구성을 하는 예들이 있어 흥미롭다.

이러한 꺾음집의 구성은 도시의 밀도 높은 소형 필지에 한옥이 적응하는 방식으로도 사용되었다. 안마당을 집의 중심에 놓고 땅의 크기에 맞추어 ㄱ 자, ㄷ 자, ㅁ 자 등으로 외곽을 꽉 채우는 방식이 그것이다. 집의 뒤편에는 거의 공간이 없고 필지의 형상도 정형적이지 않은 경우가 대부분이기 때문에 비스듬한 자투리 공간만 존재하게 되는데, 이들은 반침半寢 등을 확장하여 수납공간으로 사용되거나, 불법적으로 실내 공간을 증축해서 쓰기도 하였다. 모두 채광과 환기는 안마당을 통해서 이루어지는 방식이며, 별도의 담장을 둘 필요가 없이 건물 그 자체로 집의 경계를 구성하는 식이다.

그렇게 보면 안마당은 건물로 둘러싸인 중정이 아니라, 사실 집으로 진입하기 위한 일종의 현관과 같은 역할을 하고 있다. 더 크게 보면 지금의 아파트에서 모든 동선이 거실을 중심으로 연결되고 분기되는 것과 마찬가지로, 꺾음집의 안마당은 방과 대청, 부엌, 대문간 등으로 동선을 연결, 분기시키는 집의 중심이다. 그러면서도 실내에서 바깥을 관조하는 가장 중요한 경관이며, 채광과 환기를 책임지는 집의 허파이기도 하다.

7 온돌 공간의 확장

관암 홍경모洪敬謨(1774~1851)가 지은 『사의당지四宜堂
志』는 자신의 집안이 살아오던 서울의 사의당에 대해 기
록한 것인데, 이 문헌을 통해 조선 후기의 고급 주택에
대해 소상히 알 수 있다. 사의당은 100칸이 넘는 대저택
이었고 정당, 수약당, 하당, 후당, 사의당, 징회각 등 많
은 건물로 구성되었다. 각 건물의 평면에 대해서도 추론
이 가능하다. 정당에는 6칸의 대청마루가 중앙을 차지
하고 좌우로 방을 들였다. 사의당에도 4칸의 대청 한쪽
으로 3칸의 방을 놓았다. 그런데 이 글에는 특히 주목되
는 몇 개의 구절이 있다.

부엌을 나누어 지었는데, 궁가 관습을 본받은 것이었으

나 지금은 폐하였다. 당은 모두 중간에 온돌을 두어 겨울에 알맞게 하고, 그 마루를 열어두어서 여름에 알맞게 하였다. 널직한 마루는 온돌의 두 배인데 옛 제도이고 모두 이와 반대로 하는 것이 지금에 알맞다.

『사의당지』, 「당우제이堂宇第二」

　사의당은 공주 집안에서 소유하고 사용하였던 '궁가'이기 때문에 민간의 집들과는 조금 다른 점이 있다는 것을 감안하더라도, 이 글은 조선 후기의 지식인이 알고 있던 거주 문화 정보의 단면을 보여준다. 궁가의 경우라고 하더라도 부엌은 점차로 독립건물이 아닌 건물에 부속된 부분으로 바뀌어갔다는 점과, 이전에는 온돌방의 면적보다 마루의 면적이 큰 것이 보통이었지만, 조선 말에는 이미 마루보다는 온돌을 더 넓게 들이는 것이 보편적이었다는 점이 뚜렷하다. 왜 마루를 대신하여 온돌의 면적을 점점 넓혀온 것일까? 이에 대해서는 이 시기의 세계사에 전반적인 영향을 주었다고 하는 소빙하기와 연관시켜 이해하곤 한다. 소빙하기 혹은 소빙기는 지구의 온도가 조금 낮아진 일정한 시기를 뜻하는데, 학자들마다 차이가 있지만 16, 17세기 그즈음에 특히 큰 영향을 준 것으로 보고 있다. 한반도 온돌 기술의 발달과 확산, 집 내부 온돌 면적의 확대 등이 전개되는 시점은 이와 관계가 있다.

조선 초만 하더라도 집의 모습은 꽤 달랐다. 우리가 생각하는 것만큼 온돌의 면적이 넓지 않았고, 화로로 난방을 하는 일도 많았던 것으로 보인다. 이는 곧 2층의 주택도 많았다는 것을 의미하는데, 가사규제家舍規制나 집에 대해 기록한 개인의 글에 가끔씩 등장하는 '층루', '서루' 등의 단어는 중층 주택의 구성을 암시한다. 사의당에도 이러한 '루'라는 명칭이 붙은 공간이 여기저기 있었다. 지금까지 남아 있는 집과 문헌 기록들 중에 조선 전기의 것들이 많지는 않아서 이것이 계층적으로나 지역적으로 얼마나 광범위하게 퍼져 있었던 것인지는 명확하지 않다.

집에 마루보다 온돌이 많아진다는 것은 전체적으로 개방적이기보다는 폐쇄적인 성격이 강해진다는 뜻이기도 하다. 창이 없이 아예 입면이 기둥만으로 개방되어 있는 대청부의 면이 줄어들고 대신 보다 작은 창을 가진 온돌방이 그 면을 채운다. 또한 이 시기에 들어 집이 겹집화되면서 동일 면적이라도 외기에 면하는 벽의 길이

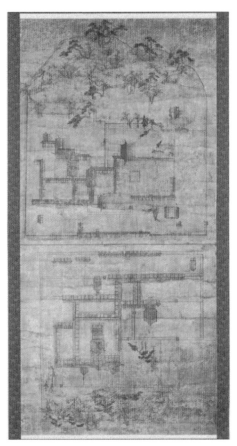

인평대군방전도(서울대학교 규장각한국학연구원 소장) 조선 후기에
이르면 이전보다 훨씬 높은 비율의 면적을 온돌로 채웠다. 그
림에서 보이는 층루 같은 형식은 온돌 공간의 확대와 더불어
점차 자취를 감추었다. 지금의 아파트는 부엌까지 온돌 난방
을 설치하고 있으니, 온돌의 확대는 현재진행형이다.

는 그만큼 짧아지게 되었다. 대청에 들문 등으로 창호를 설치하여 계절에 따라 창호를 닫아 사용하는 경우도 늘었다. 이는 모두 집의 난방 효율과도 관련 있는 변화다.

지금의 아파트를 보면, 방과 거실, 부엌, 심지어 화장실에도 바닥 난방 설비를 한다. 조선 후기에 그 면적 비율이 계속 확장되어간 온돌은 이제 집 전체를 장악한 것이다. 높이의 차이도 사라졌다. 현관과 화장실 정도를 제외하고는 모든 바닥의 높이가 평탄하게 일치되었다. 현관과 거실의 높이 차이도 그리 크지 않다. 외기에 면한 벽은 전면, 후면으로 한정되고 좌우와 상하는 다른 집에 붙어 있어서 난방 부담을 줄여두었다. 점차로 집은 외기의 영향을 받지 않는 보호된 보온병같이 되어가고 있고, 집을 구성하는 각 부분의 면은 균질해지고 있다. 살아가는 삶의 양태도 예전 집에서 하는 수많은 일들 중 일부만을 집 안에 남겨두고 나머지를 모두 집 밖의 공간으로 '아웃소싱'해버렸기 때문에 이 균질한, 그래서 단순하고 무미건조한 공간에 적응해가고 있는 것이다. 그렇다고 그것이 항상 최적인 것은 아닐 것이다.

입식의 시대, 좌식의 가치

학교 근처 자주 가던 식당들이 공통된 변화를 보이고 있다. 좌식으로 앉아 식사해야 했던 식당들이 하나둘 입식 테이블을 설치하고 있다. 좌식 테이블을 설치, 운영하는 일반 음식점 중 입식 테이블로 변경을 희망하는 업소에는 지원금도 준다. 그 목적은 장애인, 노인, 임신부, 외국인들이 편리하게 사용할 수 있는 환경을 만드는 것인데, 사실 대부분의 사람들이 입식 테이블을 더 선호하는 것 같다. 집에 들어가는 것도 아닌데 신발을 벗어 내내 구두 속에서 퀴퀴해져가고 있는 발을 드러내는 것도 불편하고, 치마나 슬림핏의 바지를 입고 좌식 테이블에 앉는 것도 불편하다. 입식 테이블로 바꾸었다고 해서 공간의 바닥 마감까지 바꾸지 않았기에 종종 신발을 벗고 입식 테이블을 사용하는 어색한 경우도 있지만, 사실 아파트의 식탁 사용은 다 그런 식이다. 소위 양반다리로 앉는 것이 점점 힘들어지는 것은 일종의 적응적 퇴화일 지도 모르겠다.

바야흐로 한국은 입식의 시대를 살고 있다. 주택을 제외한 대부분의 공간은 입식으로 사용된다. 학교의 강의실이나 연구실, 회사원들의 사무 공간, 각종 회의실과 대형 컨퍼런스 룸, 영화관, 공연장, 교통 관련 시설 등 어느 하나도 입식이 아닌 공간이 없다. 불교 사원, 태권도장 등 전통적인 공간 사용법이 규범으로 작용하는 경우를 제외하면, 오직 주택만이 신발을 벗고 사용하는 좌식의 습성을 여전히 가지고 있는 건축 공간이다. 아침에 집을 나설 때 신었던 신발은 드디어 다시 집으로 돌아온 순간에야 완전히 벗게 된다. 집이 아닌 다른 곳에서 이유 없이 신발을 벗는 것에 대해 일종의 예의 없음으로 취급받기도 할 정도이다.

근대 전환기에 이미 거주를 제외한 다른 행위들은 대부분 입식으로 전환되고 있었다. 심지어 궁궐에서도 석조전과 같은 서구식 생활을 위한 전각을 시도하고 있었다. 좌식과 입식의 관점에서 우리와 상당한 유사성을 갖고 있는 일본에서도 우리가 석조전을 지었던 시기에 동궁의 어소를 네오바로크식의 서구식 전각으로 지었다.

아카사카 이궁赤坂離宮 혹은 영빈관迎賓館으로 불리는 이 전각은 여전히 각종 행사와 국제회의의 장소로 활용되고 있다.

그럼에도 불구하고 주택에서는 여전히 신발을 벗고 사용하는 고래의 좌식 관습을 그대로 유지하는 까닭은 대체 무엇일까? 이는 아마도 신발을 벗고 바닥에 자유롭게 앉거나 누울 수 있는 좌식의 생활 방식이 집이라는 사적인 공간에서는 가장 어울리는 것으로 인식되고 있기 때문일 것이다. 아마 집 바깥의 입식 공간과 구분하여 사적 공간의 속성을 극대화할 수 있는 방법이 아닐까 싶다.

한옥에서 아파트로 주택의 주류가 전환되는 과정은 일시에 이루어진 것이 아니었다. 근대기의 주택 환경은 서구, 일본, 중국 등 외래의 건축 방식이 유입되면서 큰 변동을 맞이하고 있었다. 이 중에서 한옥을 기반으로 주택을 개량하고자 하였던 몇몇 시도들은 좌식의 관습에 대해 시사하는 바가 있다. 경성의 주택 시장에서 큰 영향력을 가지고 있었던 건양사의 정세권(1888~1965)은 중당형 주택을 시도하였다. 안마당을 중심으로 부지 외곽을 따라 건물을 배치하는 기존의 한옥은 화장실, 건넌방 등으로 이동할 때 종종 신발을 신고 벗는 과정이 필요했는데, 이를 주택 생활의 불편함으로 여긴 그는 부지의 중앙에 건축 공간을 모아 모든 공간이 실내에서 연결되는 방식을 통해 주택의 불편함을 해소하고자 한 것이다. 이러한 시도는 정세권만의 것이 아니었다. 박길룡 (1898~1943)은 집중형 평면이라는 개념으로 유사한 방식의 주택을 계획하였다. 이러한 주택들은 현관을 통해 실내와 실외의 경계를 명확하게 집중시켰다. 지금의 아파트들이 이들 주택 실험의 성과를 어느 정도 계승하고 있다고 해도 괜찮을 듯하다.

침대와 식탁, 소파 등 입식 가구를 사용하면서도, 소파 아래 등을 기대고 바닥에 앉는 것이나, 물을 사용하는 입식 공간인 부엌에서조차 발바닥이 따뜻한 온돌 난방을 요구하는 지금의 주택은 모순적이기까지 하다. 입식의 시대를 살고 있는 한국인들이 여전히 좌식의 집에서 생활하고 있다는 점은 좌식 전통의 강력한 지속성을 대변한다. 입식의 시대를 살아가는 지금 우리의 생활과 물리적으로 표준화되어가고 있는 좌식의 주택은 서로 잘 일치하고 있는 것일지 곱씹어볼 일이다.

조재모

| 참고문헌 |

강상훈(2006), 「일제강점기 일본인들의 온돌에 대한 인식 변화와 온돌
　　개량」, 『대한건축학회논문집(계획계)』 22권 11호.

강영환(1992), 『집의 사회사』, 웅진출판.

김광언(1988), 『한국의 주거민속지』, 민음사.

_____(1997), 『한국의 부엌』, 대원사.

김동욱(1999), 『조선 시대 건축의 이해』, 서울대학교출판문화원.

_____(2007), 『한국건축의 역사(개정판)』, 기문당.

_____(2015), 『한국건축 중국건축 일본건축』, 김영사.

김버들·이종서(2017), 「조선 전기 당·실 결합 건축의 가구 특성 분석」,
　　『건축역사연구』 26권 2호.

김정기(1977), 「문헌으로 본 한국 주택사」, 『동양학』 7집.

김준봉·리신호(2006), 『온돌 그 찬란한 구들 문화』, 청홍.

김홍식(1992), 『한국의 민가』, 한길사.

박용환(2010), 『한국근대주거론』, 기문당.

박진기(2017), 「경상북도 북부지역 ㅁ 자 가옥의 꺾음형 지붕 구조와 건
　　축계획 특성」, 경북대학교 박사학위논문.

박철수(2009), 「해방 전후 우리나라 최초의 아파트에 관한 연구」, 『서울
　　학연구』 34호.

박혜정(2017), 「조선 후기 사의당의 위치와 건축적 특성에 대한 추론」,
　　경북대학교 석사학위논문.

발레리 줄레조(2007), 『아파트 공화국』, 후마니타스.

배창현·전봉희(2013), 「전각의 바닥 형식과 공간 이용 방식의 문제」, 『한국건축역사학회 춘계학술발표대회논문집』.

＿＿＿ (2018), 「조선 중기 마루퇴 형성과 건축형식의 변화」, 『한국건축역사학회 추계학술발표대회논문집』.

서현(2012), 『배흘림기둥의 고백』, 효형출판.

송기호(2006), 『한국 고대의 온돌』, 서울대학교출판부.

송인호(1990), 「도시형 한옥의 유형 연구」, 서울대학교 박사학위논문.

신영훈(1983), 『한국의 살림집』 상·하, 열화당.

심우갑·강상훈·조재모(2000), 「한·중·일 집합주택 주호 평면의 비교 연구」, 『대한건축학회논문집(계획계)』 16권 11호.

심우갑·여상진·강상훈(2002), 「일제강점기 아파트 건축에 관한 연구」, 『대한건축학회논문집(계획계)』 18권 9호.

우동선 외(2009), 『궁궐의 눈물, 백 년의 침묵』, 효형출판.

이강업·이정국(1997), 「고려 시대 기거 양식에 관한 연구」, 『대한건축학회논문집』 13권 6호.

이경아(2019), 『경성의 주택지』, 집.

이종서(2006), 「조선 전기의 주거용 층루 건축 전통」, 『역사민속학』 22권.

＿＿＿ (2007), 「고려~조선 전기 상류 주택의 방한 설비와 취사도구」, 『역사민속학』 24권.

＿＿＿(2016), 「안동 임청각의 건축 이력과 원형 가구 추정」, 『건축역사연구』 25권 2호.

＿＿＿(2016), 「흥해 배씨 종가 금역당의 건축과 조선 후기의 구조 변화」, 『건축역사연구』 25권 4호.

이종태(2014), 「퇴칸을 가진 한옥의 지붕 가구 구성에 관한 연구」, 경북 대학교 석사학위논문.

이태호·유홍준(1995), 『고구려 고분벽화』, 풀빛.

장림종·박진희(2009), 『대한민국 아파트 발굴사』, 효형출판.

전남일·양세화·홍형옥(2009), 『한국 주거의 미시사』, 돌베개.

전봉희(1996), 「조선 후기 주거사에 있어서 겹집화 현상에 관한 연구」, 『대한건축학회논문집』 12권 10호.

전봉희·권용찬(2012), 『한옥과 한국 주택의 역사』, 동녘.

전호태(2016), 『고구려 벽화고분』, 돌베개.

정정남(2018), 「18세기 이후 조선 사회의 온돌에 대한 인식 변화와 난방 효율 증대를 위한 건축적 모색」, 『건축역사연구』 27권 3호.

_____(2018), 「2000년 이후 주거사 분야 연구의 성과와 과제」, 『한국건 축역사학회 춘계학술발표대회논문집』.

조규화·정정남(2017), 「조선 후기 고설식 온돌 구조의 효용성에 관한 고 찰」, 『한국건축역사학회 추계학술발표대회논문집』.

조재모(2003), 「조선 시대 궁궐의 의례 운영과 건축형식」, 서울대학교 박사학위논문.

_____(2004), 「조선왕실의 정침 개념과 변동」, 『대한건축학회논문집 (계획계)』 20권 6호.

_____(2005), 「한국 건축 전통 논의의 성격」, 『동양예술』, 10호.

_____(2010), 「고령 고건축의 성격과 재실 건축」, 『퇴계학과 유교문화』 46호.

_____(2010), 「조하 의례 동선과 궁궐 정전의 건축형식」, 『대한건축학 회논문집(계획계)』 26권 2호.

_____(2012), 『궁궐, 조선을 말하다』, 아트북스.

_____(2012),「좌식 공간 관습의 건축사적 함의」,『건축역사연구』21권 1호.

_____(2015),「근현대기 대구 지역 한옥 건축의 전개와 유형」,『한국학 논집』, 58호

_____(2017),「조선 중기 서원의 태동과 건축 유형 정립」,『한국건축역 사학회 추계학술발표대회논문집』.

주남철(1980),『한국 주택 건축』, 일지사.

주영하(2018),『한국인은 왜 이렇게 먹을까?』, 휴머니스트.

한국건축개념사전 기획위원회(2013),『한국건축개념사전』, 동녘.

입식의 시대, 좌식의 집

1판 1쇄 발행 2020년 11월 20일
1판 4쇄 발행 2021년 12월 23일

지은이 · 조재모
펴낸이 · 주연선

(주)은행나무

04035 서울특별시 마포구 양화로11길 54
전화 · 02)3143-0651~3 | 팩스 · 02)3143-0654
신고번호 · 제1997-000168호(1997. 12. 12)
www.ehbook.co.kr
ehbook@ehbook.co.kr

잘못된 책은 구입처에서 바꿔드립니다.

ISBN 979-11-91071-19-1 (93540)